光明城
CITÉ LUCE

看见我们的未来

当代建筑思想评论 _ 丛书

book series of contemporary

architectural thoughts

and critiques

建筑退化论：哲学·文学·社会

阮庆岳

同济大学出版社

TONGJI UNIVERSITY PRESS

目录

自序

1   **哲学的建筑**

----
2   **文学的建筑**

----
3   **社会的建筑**

自序
黏菌城市与人文主义

我曾在台湾做过一个"黏菌城市"的建筑展览，也写过一本书讨论人文主义对当代华人建筑发展的必要性，这都与本书对"进化论"思想的质疑有关，在此一起延伸并作衍生探讨。

一、黏菌城市

黏菌（myxomycete）是一种在台湾非常易见的单细胞生物（slime mold），喜欢生长在阴凉潮湿的地方，非常适合亚热带的生长环境。黏菌城市意指类似原生菌种的城市生存状态，它有着非进化论（全球化进程信仰）的个体独立系统，又与进化论下的全球系统维持着分离与共存的微妙关系。

黏菌作为一种随处可在，又具有难以觉察的不可见性的生物，有着以下一些与华人现代城市极类似的特质：

1. 是生产者也是消费者

生态系统是由初级生产者、次级生产者（又称消费者）与分解者所组成。华人社会在 20 世纪后期，发展出一种介于初级生产者与消费者之间（既是也不是）的经济位置，占领微妙的跨双边位置。例如，扮演以加工业与高科技代工及供应者地位，得以在初级生产者与消费者的位置间游走，虽不可见（因无明确品牌），却是生态系统中不可少的角色。因此，这样的城市具有暧昧的隐讳个性，既非如纽约般的食物链上层地位，亦非如第三世界城市被猎食的底层位置，是一种既生产又消费的双边角色。

2. 是动物也是植物

黏菌擅长应对生存环境的现实，同时具有动物的游动猎食与植物的固定护卫性格。食物短缺时，最饥饿的虫体发出讯号，其他虫体会向之集结，形成一个多细胞体，一起移动去寻找食物源。当食物源充足时，则分散成为植物式的各自定点生长，完全因地制宜。这种因应现实生存的随机应变能力，也是许多华人城市目前显露出来的特质，例如住商混合、生产与消费共生、使用功能的自我调整等。

3. 是共生也是竞争

微生物间的关系，分为互容、共生与拮抗（抗生、剥削、竞争）。互容现象多半发生在族群密度极低，或同为新的外来微生物族群时，就各自降低细胞代谢率，以分享可利用的资源。共生则是两种微生物均不受害，且至少一方在食物或安全上能得利的现象。反而是亲缘较近的微生物，因对生存空间的需求较类似，容易发展出竞争的关系。这种正负关系不断倾轧交替的现象，在缺乏西方式整体都市规划的亚洲都市，特别容易出现。生物族群为了生存，所衍生出的有时竞争有时共享的现象，使都市维持着有机的生态，得以随外在环境调整而生存，不易因城市模式僵化、无法自适应，而必须随时间衰亡。

黏菌虽被列为低等生物，但比诸人类城市的演化进程，它在个体演化与应对环境的发展时间，却远远超过人类城市的历史。也就是说，人类也许是高等生物，但是所规划创造的城市，在演化史上犹然如胚胎一样未成熟，若能向黏菌这样已经证明懂得环境生存的微生物学习，焉知非城市与建筑之福。

尤其在面对 21 世纪愈加急剧发展的全球化现象，建筑与城市风貌当如何自我定位，将是不可避免的挑战。借着卑微的黏菌思索个体，或是一种途径。

来看一则我写的寓言吧！

寓言 2050：关于洪水

The Deluge

以科技与消费为主体的人类文明，在 2050 年达到前所未有的巅峰。但是人类的骄傲因此高涨，于是在《圣经》的《创世纪》篇章里，上帝说："因为地上充满了强暴，我要把他们和大地一并毁灭。"

于是，洪水泛滥："……水势在地上极其浩大，高山都淹没了。水势高过山顶七公尺，山岭完全淹没。在地上有血肉的动物，即飞鸟、走兽与昆虫等，以及所有的人都死了。"

后来洪水退去，出现一个温暖的溪谷，还有几只存活下来的黏菌，以及两棵状似枯萎却开始冒出绿叶的树，一棵叫生命之树，另一棵是知识之树。

这几只黏菌开始了依赖生命之树与知识之树的生长过程。在世界的其他地方，同时有着各种各样的生命发展起来，开始了生物进化的竞争风潮，都努力依循着物竞天择的法则，以向上一阶的高等物种演化为目标。

几只黏菌感觉到这种趋势的召唤与压力，便群聚一起商量。

"我们要不要加入这场演化的过程呢？"A黏菌问。

"演化看起来的确不错，似乎竞争力因此更强了。"B说。

"演化里也不全是获益者，同时有着残忍的反向淘汰，我们说不定就是那些被淘汰者呢！而且，你看在大洪水前，演化到最高等阶段的生物，反而制造了宇宙更大的问题，像生态失衡、污染等，而自己也非常不快乐。"C显得忧心了。

"如果进化不一定是对的，我们可以处在非进化的状态里吗？"A问。

大家都安静下来，因为构成单独生态系的最低条件是：

（1）必须有可以直接利用的能量来源；

（2）要能供应此生态系中生物所需的各种元素；

（3）必须能完成生物与非生物间的物质循环；

（4）必须有适宜的温度、湿度及环境。

"那我们要怎么办呢？"B问。

黏菌们对可否建立一个自己的黏菌城市，各自分头思索，也明白绝不容易。它们希望能类同祖先，并不需要参与进化论的大游戏，而能继续身处自身的环境，又能与其他的大型生态保持平衡、互动的共存关系。

它们的思索，也是这本书意图呈现的议题。

13

二、人文主义与传统

台湾现代建筑舵手王大闳先生，曾在《中国建筑能不能继续存在？》一文中，提出对学习西方的疑虑："……一般人唯恐落于人后，于是争以西洋的一切作为典范……房屋也随之向西方的成例作卑躬屈膝的模仿，以致虽未抄袭自己旧有的建筑形式，却代之以抄袭西洋的建筑形式。这种转变非但毫无益处，反足以引到更危险的路上去。"文章写于半个世纪前，王大闳当年所提西方文化与东方社会间的问题，至今似乎仍未有明确的解答。

亚伦·布洛克（Alan Bullock）写的《西方人文主义传统》，导言指出人文主义与都市的依存关系，并以文艺复兴时期作说明："意大利城市由于商业扩张的结果，得到特别快速的发展……它们享受到高度的自治，能相应地参与贸易、工业和政治活动……起了促进文化发展的温床作用……受过教育的平信徒的传统和城市生活的活力依旧维持不衰，这是人文主义得以传播的必要的条件。伯克（Peter Burke）说得好：'没有城市，就没有文艺复兴。'"

城市文明与受教育阶层的涌现，显然是人文主义发展的必要条件，这与华人世界此刻的现象极为相符。

然而，什么是人文主义呢？基本上，相信经由教育可培养出人的涵养和见识，使人得以在各种超自然与自然力量之外，突显自身的地位与价值，是以人为中心、并相信个人自由的思想系统。这种以"全人"为中心的发展方式，到了法国大革命与工业革命后，因人口大量涌向都市、工商业取代农业、资本主义及跨国贸易兴起，亚伦·布洛克在同一本书里继续写道：

"觉得自己是在重新铸造世界的 19 世纪企业家们，还从科学的进步中，增强了自己的信心，这种科学的进步提供了榜样，向经济学提供铁的规律作效法。科学已经代替了哲学和受到挑战的宗教，不仅提供精神上的保障，也提供了对大自然的掌握，而这也是技术进步的关键……宗教和哲学成了多余，实证的科学产生了统一的普遍规律，任何偏离都是不可能的。"

自此，科学与人文开始分家，对科技的绝对信仰，在第一次世界大战前的 40 年间达到高峰。该时期的经济蓬勃发展，自由主义盛行，都市现象普及，帝国主义造成白人的优越自信，以及对科学可掌控自然与未来命运的信仰，成了普世的价值。

当时已有尼采等文化人，对这样过度理性的态度产生怀疑。亚伦·布洛克写道："尼采所以有异乎寻常的震撼力，是由于能够把 19 世纪末许多知识分子和作家心中想要与那个过分有组织和过分理性化的文明决裂的冲动，要让本能和感性超越理智的冲动，用言辞表达出来。"

自 19 世纪后期起，现代建筑的发展自然也没逃脱这种理性、科技与实证的影响，我们如今所要面对的困境，与尼采百余年前所见差异不大。另外，资本主义的全面性发展，亦对人文主义的传统产生冲击。亚伦·布洛克写道："拉斯金（John Ruskin）在谴责 19 世纪文明的丑恶，以及其忽视美的方面……认为这不是教育有缺陷的结果，而是资本主义社会据以组织的原则所造成的，资本主义社会片面注意财富的生产，而不注意人的生产。他宣称，所谓分工是用词不当：'说分工，这么说是不严格的，分的是人；人被分成了碎块，分成了生活的小碎片和小碎屑。'"人的价值究竟何在，一度被严厉地质疑，理性与感性孰是孰非，也引发争议。

这些因科技与资本主义介入而造成的人文主义传统的冲击与纷乱现象，事实上到如今仍历历可见，未脱窠臼。同时期建筑美学的发展，对于文明在遭逢资本主义时被扭曲的事实，一直鲜见从人文角度提出反思与对策。

如同王大闳一样，当代华人都要面对的宿命：马修·阿诺德（M. Arnold）所描述的自己"在两个世界之间彷徨，一个已死了，另一个没有力量诞生出来"的时代困扰。现代建筑对西方的学习，本来是绝对必要，但是对其美学或人文观的探索与批判，并借之思索定位自己，也是不可忽略的挑战。

也就是说，生活的"家"与思想的"家"，此刻同样需要，而这样的家究竟何在，是全人类共同要思索的议题。答案可以像歌德追求的"人的狂喜"，他在 1824 年写道："人必须把他的所有能力——他的感官、理性、想象力、理解力——发展成为一种真正的统一体"；也可能如老子面对春秋战国社会结构重组、价值失序时，认为复返素朴的本质是解决之道；或是魏晋南北朝，以自我发现为对应世界的原则，如陶渊明的自然思想，顺天从命且"乐天委分"、"即事多欣"，都是对"家"的因应。

但是，东方社会因工业革命的挫败与羞辱，视传统为包袱的观念弥漫不去，资本主义崇尚产能与效益的趋势，更是不断推波助澜。文化／传统作为个体得以走出有限自我，并借其达成自觉、探索自我内在泉源，恐怕都是当代依旧罕见的行走途径。

王大闳还说："既不赞成仿古的，更不同意抄袭西方的。因为这两种途径都会绝了我们中国建筑的路。我们需要的是创造，是立在根深蒂固的民族文化基础上的自我创造。没有创造力，什么文化都不能健壮地发展。"

这语重心长的说法，是对人文主义传统的沉重回应。

三、进化论或退化论

本书取名"退化论"，自然是想直接对照达尔文的"进化论"。

进化论根据自然界的食物链现象，提出"弱肉强食，物竞天择，适者生存"的观点。19世纪后期起资本主义急速地发展，社会出现剥削和贫富分化的现象，急需理论来作自我辩护；社会达尔文主义的出现为之提供了辩证的基础，认为社会个体像生物一样，要使尽手段成为强者，而且获得财富就是成功的标志，穷人则是生存竞争中的"不适者"，社会就是这样优胜劣败地进行进化。

1897年严复翻译了英国学者赫胥黎所写的以达尔文进化论为本的《天演论》，引起强烈反响，牢牢建立了华人社会里"物竞天择，适者生存"的思想基础，甚至成为"变法图强"、"科技救国"等政治与社会理论的发展温床，让知识分子毫无保留地接受了社会达尔文主义的"进化论"观点。

然而，达尔文并未说进化等于进步，通过进化所产生的新物种，只是能更加适应不断变化的环境，并无法论其优劣。社会达尔文主义引入社会进步的概念——进化后的社会一定会比以前好，其中已然暗藏着"竞争"与"进步"的价值观。

"退化论"是对此的批判与省思，也提醒对于"进化"的过度与盲目信仰，可能反而危害更烈。

黏菌生态现象与人文主义传统则是用来说明"退化"的可能，一个是以看似封闭的"退化"系统，来与横行世界的全球化大系统作对照省思，算是对于此刻现实的凝视；另一个则是对历史与人文的再度关照，也同时对科技至上的思维作叩敲，期望城市与建筑终能与源远流长的人文传统再度对语。

本书以该思维作基础，从哲学（以《道德经》为据）、文学（以古今中外的小说为例）与社会（从台湾的都市现象作探讨）三个面向，用展览、文章与建筑作品，来呈现我所能论及的"建筑退化论"观点，也表达对华人建筑界此刻过度热衷于"进化论"的隐约不安。

更期望借此，让王大闳殷切呼唤的"立在根深蒂固民族文化基础上的自我创造"，有反身思索与实践路径的新可能。

参考文献：

亚伦·布洛克. 西方人文主义传统 [M]. 台北：究竟出版社, 2000.

1

哲学

的

建筑

野渡无人舟自横：
谈空间

近些年，迷上了阅读《老子》。虽然一知半解，还是不免将之拿来与建筑作联想，并没有什么惊人发现，却也在其中找到蛛丝马迹的思索乐趣。

就拿"空间是什么"来说，老子的许多话语，轻易就可开启源源的思绪方向，例如这些思考：

空间源自何处？

空间可不可以与人无任何关联地独立存在？

（无人见到空谷里幽兰的开落，算不算是花开花落？）

空间是人的意识与存在必然的延伸吗？

我思所以空间在吗？

《老子》和《圣经》两大东西经典，在书的开篇就宣告空无先于我们存在。

《老子》说：无名天地之始，有名万物之母。

《圣经》说：起初，神创造天地。地是空虚混沌，渊面黑暗；
　　　　　　神的灵运行在水面上。

老子很清楚地说道：天地本以无名的状态长久存有，然后人类以自我的意识赋予万物名称，也建立起其相对存在的意义性。人类对于尚未见到（与意识到）的存有，因为无法命名，也以为这些事物与空间不存在。就拿我们对空间的体认来看，的确是完全依赖我们极度局限的意识触角来着床，以为空间就只是我们所能意识到的空间；但是，在我们以为已知的空间之内，必有我们仍未探知的空间，已知的空间之外，更必有我们所仍未知的空间。

老子还说："故常无欲，以观其妙；常有欲，以观其徼。"是说因此常要从"无"，去观察奥妙之所在，以及要从"有"，去观察运行的方式。

那么，我们真的有办法掌握空间的真实存在吗？

人与空间的关系究竟是什么？是明确或不明确的？

空间必须赖形体以存在，如同光必须借阴影来作衡量与感知吗？

《圣经》形容人出现前的地球是 "formless and empty"，也就是无形且空无，这是非常有趣的说法。一个无人、无形的空无空间，究竟是什么？《圣经》接下去写着：神说："要有光。"就有了光。也很有趣，为何要有光呢？是要为眼睛的感知作准备吗？天地本在黑暗中就已经存有了，要光来做什么呢？为了对人的感官作证明吗？

老子对此似乎有他的回答，他写下一段极迷人也重要的文字：

视之不见名曰夷，听之不闻名曰希，搏之不得名曰微。此三者不可致诘，故混而为一。其上不皦，其下不昧，绳绳不可名，复归于无物，是谓无状之状、无物之象。是谓惚恍。迎之不见其首，随之不见其后。

这段话的意思是：看它看不见，叫作"夷"；听它听不到，叫作"希"；摸它摸不着，叫作"微"。这三者无法彻底区分，因为它们是浑然一体的。它既不光亮，也不阴暗，绵绵不绝而不可名状，一切最终又会回复到无形无象的状态。这是没有形状的形状，不见物体的形象，叫作"惚恍"。迎着它，看不见它的头，跟着它，看不见它的尾。

这是很完美的对空间本质的定义，清楚说明空间不可赖知觉来作臆度的本质，也说明空间无形无状、不明不暗、不可名状却又浑然一体的非形而下的样貌。基本上，还同时述说出空间与人之间某种欲语还休的"不即不离"关系。

老子告诉我们空间远比我们想象与认知的更浩大无际，但他无意形上化空间与人的关系，也无意疏远二者的现实联结性。他在说明空间的"惚恍"本质时，也平易地解释空间其实非常单纯，就只是：*凿户牖以为室，当其无，有室之用。故有之以为利，无之以为用。*

就是开凿门窗作屋室，并以空无部分来使用。这句话除了简单述说空间的虚体使用性外，也说明实体物只是工具（*利*），真正的空间意涵与价值，还是存在于虚体上的（*用*）。

现代建筑架构在理性与实证的思维下，对空间与人的相对关系，有着极其自傲与霸道的主导姿态，以为空间是人所创造，非得因为人的存在才得以存在，其存在也以实体为主导。人的角色几乎类同于神，空间被视作设计者掌中的玩物，敬意不但不存，甚且将之视作炫耀表演的道具，走江湖卖膏药时，就猴子般抓出来当道具耍弄，早已忘却空间之内（与空间之外）更有浩大空间的意义与事实，以及空间是不可确实描述的虚体，而非可完全实证的物质体。

设计者常忘了空间无尽藏的奥妙本质，以为自己就是神祇，可以搬弄所有空间于指掌间。这种自大的态度，事实上严重捆绑了设计者更辽阔思索空间美学与意涵的可能。

空间当然比人有限的知觉意识所能衡量的更为广阔，也早以其自身的存在方式存有于天地间。空间并不排斥人，但也不依附人，像老子说的，它可以"外其身而身存"。也就是说，可以不用意识而依然存在（我不思，我亦在）。这说法乍听有些玄，就是在说设计者的主体意识不当太过强烈，好能自外于己身，以进入更超然的客体世界，同时相信宇宙不单因为你的作为而存在，是空间必须依附在宇宙天地间，与之得以互动，本末位置必先厘清，才可能是己身空间能长远存在的缘由。

老子也述说了空间根本不必以物质的实证来存有，不可名的无限状态可能才是其本质，意图以人力来框绑、形塑与定义空间，终有可能是徒劳之举。他说"不自见故明"，也是类同上句话，要人能放弃固执主体的迷障，让客体的清明出来，并且相信宇宙天地本有无数的"无物之象"。

设计人要能先有这种谦卑的认知，懂得不固执本体、不自大骄纵，承认自己所扮演的角色，不过是宽广宇宙里的沧海一粟，这才是人与空间可能重新建立良善关系的契机。

老子另外讲了两句我极喜欢的话："和其光，同其尘。"这话虽然显得形而上与哲思，但反而说明了老子不离弃形下现实世界的根本态度。不管人间如何自我沉沦与腐化，我们所设计的空间与各自的人格，不但不能自命清高地离弃它，更要不离不弃与之同俯仰起伏，视作一体地投身相对待。

如同北宋山水画（可以拿范宽的《溪山行旅图》为例）所发展出来将山水天地的地位，置在远高于人的深沉哲思意涵，显示在中国文化的传统宇宙观里。大自然本是亘古生生不息，而人类不过是山水中的行旅过客，主客位置清楚明白，其中所显现人的自敛卑微与对宇宙的尊敬臣服，都相当容易见出来。

空间本是无垠无形，作为一个设计者，也许永远只能捕捉，无法下定义，因为就像野渡里的舟子，就算无人存在，也能物我相忘自在横卧，天地两悠悠。

员山徐宅／程绍正韬

程绍正韬在台湾东北角宜兰的"员山徐宅",是继承父亲水草养殖业的两兄弟,希望在原本的合院老旧平房(父母亲住处)旁边,加盖一间可供两兄弟成家后居住的房子。

向来长于应对自然(对光影以及虚体空间的运用)的程绍正韬,直接将建筑物置于养殖池上方,抬升起来不破坏原有的环境肌理。临马路的入口,以实体的混凝土墙阻隔外面的道路,迂回走入玄关后,立刻引出正前方水平宽阔的远山近水景色。

程绍正韬的空间有一种素净的质量,物我似乎在此都相对寂然了,有人将之与东方禅意作对比,但是他说:"我的空间是安静,不是禅。"他强调对大地应有的责任:"设计者站在第一线,绝对要更懂得土地伦理的重要性,责无旁贷。"

程绍正韬认为空间必须有净化心灵的能力,像远古人类借由仪式与宇宙交谈沟通,现代人应可经由空间与自然万物对话,所以他认为空间不单只是领域的界定,而更应如编织纹理般,将人文、生态与土地肌理混融,共同构筑到空间中,使人与空间可以有如同生命与宇宙间某种微妙的联结关系存在。

他在为业主设计"家"时,也会试图说服业主相信追求人生精神价值的重要性,因为家是物质与精神两个领域交叠的场所,也是净化自我的仪式发生之所在,所以设计者不应只在空间中过度地意图彰显自我的美学风格,而应试图为使用的人在其中找寻出人在宇宙中的定位所在。

整体空间肌理分明,室内外的空间关系自然流畅与准确。虽未在形式与符号上作出感性乡愁的联结,但整体与环境的关系反而显出合宜的落落大方。程绍正韬的美学手法依旧源于现代主义的本质,态度上善意退让出设计者的主观性,让客观的业主有机会参与介入(徐氏兄弟自己发包工程,主导所有施工与监造工作)。

这样的专业设计者与使用者共同携手的合作,或本不是那么容易的事情,其中在精英美学与庶民美学间,依旧有着辩证与对立关系的存在。不管有意或是无心,程绍正韬的这个作品,让我们见到这样双向对话的契机与问题呈现,如何以积极的善意态度,进入真实的民间生活,做出来入世的好建筑。

哲学
的
建筑

34
哲学
的
建筑

弃与袭：
谈美学

美学几乎是建筑最外显易辨的象征物。

一般人对建筑物的观感，也很大程度受到建筑外在视觉美学的影响，就如同我们对人的印象，不免要受到其相貌穿着所左右的道理一样。

美，因此也是建筑意识中无可避免的基本要素。

然而美究竟是绝对还是相对存在的呢？

《道德经》几乎在一开始就谈到了这个：

天下皆知美之为美，斯恶已；皆知善之为善，斯不善已。故有无相生，难易相成……

说明老子认为，因为有美的观念产生，才有丑出现；因为善的标准被制定出来，才有恶诞生。他认为美丑与善恶是相互有无生成的，并非以绝对的价值存在人间。

这个观念当然影响中国人文美学观极其深远，也似乎与西方文明源头希腊哲思的观点大异其趣，例如柏拉图在对话体《会饮篇》里，对美究竟是什么，就有异于老子的着墨，他谈到"美的本性"：

首先，这种本性是永恒的，不生不灭，不盈不缺。其次，它不是这部分美、那部分丑；这一时美、另一时丑；在一方面美，在另一方面丑；在此地美，在另一地……它是独立的，始终单一的存在。

但柏拉图在谈及这样绝对的美时，除了说其为"纯正、洁净，不为人类的肉欲色彩及如此众多的凡间垃圾所污染"，以及"单一神圣"外，并没有具体述说出这绝对的美，究竟是什么？也因此让后代多少捕风捉影的美学论述家忙得不亦乐乎，然而最终似乎还是无人真正能说出美是什么来。

这倒有些像西方本来独一无二、不可混淆的上帝，反而无人能真正说出其存有形貌来，这部分或也可对比西方的一元价值观（譬如一神论）与东方的多元价值观（譬如多神论）来作思索。西方这样绝对且单一存在的美学观，虽非东方文化的本源，但东方现代建筑自 19 世纪后期起，就全面沿袭于西方，所以这种单一论的美学观点在近代东方的影响力，绝对不可小看与低估。

老子相信美是以形而上、超乎人知觉外的方式存在（有如看不见、听不到也摸不到的至上物），如同他所说的：

视之不见名曰夷，听之不闻名曰希，搏之不得名曰微。此三者不可致诘，故混而为一。

似乎从来不想去明确定义它。对老子来说，美虽然存在，却非绝对与定性的，而是因时因地因人而异，也就是："无状之状、无物之象。是谓惚恍。迎之不见其首，随之不见其后。"承认美为一种无可名状，同时持衡变易的状态，定义与捕捉都只是徒然的举动。

这个观点里有着非柏拉图一元价值观的态度，相信美与丑都只是相对的，而非单一的绝对价值，有着凡事凡物都本当平等的多元宽容性，与承认自我渺小，无力扭转宇宙永恒性的谦卑态度。

就以老子文章中提到的两个字，"袭"与"弃"，来对美是什么试作演绎。

袭

老子两度在《道德经》里用到袭。一次说袭明，一次说袭常，文章这么说的：

> 圣人常善救人，故无弃人；常善救物，故无弃物，是谓袭明。用其光，复归其明，无遗身殃，是为袭常。

这里所谓的袭，是承袭、学习与接受的意思。

对于凡间一切平淡事物，不但不轻视之，反而抱持着学习的态度，相信平凡物中蕴含着明耀的价值（譬如在美学上无限可能的启发性），这就是袭明。袭常，则是更进一步，借由平凡物里的明耀价值，来启亮自己内在蒙蔽的心性，指引往明亮的方向，以避免不幸的灾害。

二者都有着承认所有平凡外在事物，其实都包藏着大于个体的智慧能量，因此要懂得去尊敬、发觉并学习。这说法其实也反映出对美学的态度，是相信可以始于任何凡物（一沙自有一世界），而非仅止于被拣选出来的特定物。美在于对事物的尊重，与对之诚恳的学习发展，而最终所开放出来的美，就可以成为永不相离弃的价值物。

也是说凡事皆可美、也皆可丑，端视一己的态度选择；而且人的美与价值所在，当是源于自己对身边人与物的思索，因此必然也是单一独特的。

对现代建筑而言，目前所欠缺袭的工夫，牵涉两个面向：一是对传统美学的拒绝承继；二是对身边真实人事物的轻忽。拒绝承袭传统，或许是当初因要标示出自身的"现代性"，必须与"古典"作区划的权宜战略做法，现在"现代性"早已成为主流与显学，应当可以回头修正当初不觉所造成的伤害了（就如老子说的：用其光，复归其明，无遗身殃）。

现代主义当初相信全世界将因陆续工业化，而终将使全球一致化的揣想，现在也遭逢大量的质疑与反省，确实该开始重新对所有人、事、时、空与文化背景因素，抱持尊重，不以任何单一标准妄加褒贬，从中习得建筑美学可能所在的时候了吧！（恰如老子所说：常善救人，故无弃人；常善救物，故无弃物。）

弃

"弃"字常与"绝"字并用，老子三次并用此二字：绝圣弃智；绝仁弃义；绝巧弃利。显示他希望人能懂得弃绝聪明智慧、仁义道德以及虚假名利。并非这些事情有多坏，而是老子对于被明确定义，并借之为名目来行事的所有漂亮说法都有疑惧，例如口中说是要"圣智、仁义与巧利"的人，常反而"骄傲自恃、道德凛然、甜蜜诱人"，所说的与所做的常相互背离却毫无自觉（恰如：信言不美，美言不信）。

现代建筑的美学操作，因深深受制于资本架构下商业名利价值观的制约，对新、奇与变的浮华表面价值特别崇尚，所以尤其喜欢具有应变短利效应的聪明巧智，设计人的美学与价值观自然有往名利与巧智方向倾靠的现象。老子这样对于弃绝的提醒，对当代建筑美学，事实上是直指核心，也发人深省。

弃绝巧智与名利，不管做不做得到，其实大半的人似乎都能接受这说法。但是老子究竟为何还要特别强调弃绝仁义这些事物呢？老子基本上不相信被众人挂在嘴边的仁义是真的仁义，他反而怀疑这些挂着仁义名号的是"假仁义"，而且正是人间孝慈的最大阻碍物（恰如：绝仁弃义，民复孝慈）。

先来看看道德制定最重要的拥护者孔子，对艺术与道德关系的看法是什么吧！

孔子在《论语·述而篇》里，对艺术与道德的关系有这样的说法："志于道，据于德，依于仁，游于艺。"对于艺术必须先要从人伦社会的合理关系起始，有着极清晰的表白，也对后世中国艺术美学走向影响深远。

孔子与老子艺术观点的差异在哪里呢？刘思量这样写过："孔子从社会参与角度立论，在承认当时政治现实'宗法'传承下，以……礼乐、典章为规范，培养参加政治运作及社会改造之君子（士）为目标……是一种以人生观为主导的艺术观。"

"老子否定所有人为的政治制度与道德规范，并视为一切社会乱源之本。正本清源，在于摈弃一切人为事物，以效法道之无为清静，返回道之素朴无为状态，而达到长生久世的自然人存在……是宇宙观与本体论的艺术观。"

也就是说，老子相信艺术（包括美学）是应去除掉一切政治制度与道德规范，以返回到最纯真的真实本我状态；孔子则是相信艺术（包括美学）当服膺于政治运作与社会改造的大目的，必须以造福人类社会为其前提。

由此再来看老子为何要弃绝仁义，就比较能明白了。而老子这样弃绝的思想，使现代建筑美学在发展过程中，因深受各样外在因素（政治、经济、文化、阶级等）的牵绊甚至操控，经常处于不能弃也不能得的两难现实情况，便有着特别的启发意涵了。

老子鼓励人追求真实处境里的美，不要被虚幻的假美所误导（恰如：五色令人目盲），尤其要懂得袭、敢于弃，甚至还很严肃地告诫美所具有的负面性，他说：

美之与恶，相去若何？

当代建筑人，不可不引之为戒啊！

参考文献：

1 苗力田. 古希腊哲学 [M]. 台北：七略出版社，1999.

2 刘思量. 社会人与自然人之争：孔子与老子艺术观之比较 [A]. 沈清松. 中国人的价值观 [C]. 台北：桂冠图书出版社，1994.

石梯坪陈宅／陈冠华

20 世纪 80 年代末期，陈冠华由美国回台湾。同时代的李玮珉，在台湾的《室内》杂志，撰文形容陈冠华在 90 年代的作品，有着"这个世代的成长经验和受到的影响，包括某些杂糅在一起的矛盾"。

指的似乎是理想与现实在时代环境下的难明，并再补充说明："当同世代的人褪去惨绿，开始倾向某种特定的风格追求时，陈冠华仍然保存着成长阶段、从现代主义到乡土主义论战转换过程的影响，并且用很真实的方式反映出来，一点点个人的欲望、一点点意识形态的纠结，和一些这一代中国人的现代美感训练。"

这些"欲望"与"纠结"，究竟是什么呢？我觉得李玮珉指的就是在全球与在地间的辩证，一种对个体位置的确认与思考，以及资本与权力的欲望诱惑，和某些意识上的对抗态度，与因之交错而生的自我诘问。

1999 年完工的花莲石梯坪"石梯坪陈宅"，应是陈冠华对此的破解吧！

陈冠华在说明作品时，指出重点有四，分别为：第一，本土与在地的设计理念；第二，亲近土地，先于建造的整体居住与设计体验；第三，"低技"与非西方都会化的建筑技术与美学表达；第四，以建筑传达"人"在此地居住之意义。

可再区分成两部分：一是对当代建筑的思考，重点放在"在地性"的建立，方法则在于对"低技"的接受，与反对西方的绝对垄断与影响；另外则是对土地的省思，与对人与住居意义的探索。

石梯坪陈宅给人的第一印象，就是平行墙体与粗犷的混凝土。这固然与基地狭长、预算不高及材料工匠的在地限制有关，但也是极真实的"在地"条件。陈冠华"因地制宜"地确立了作品的基调与态度，也建立起省思的角度与位置。简单地说，石梯坪陈宅是凭借在地实践的模式，对以"现代"为名的都会主流体制作出叩问与反击。

石梯坪陈宅也是一种意图寻访并回归到美学本质与事物原初的尝试，是对自我内在的幽微叩问，内向行旅的特质鲜明，神秘性格因之漾然。

也是对这个世界显示"野渡无人舟自横"的必要。

请勿干扰和尚：
谈永续

朋友东瀛游归来，兴奋地和我说起他的见闻：

"你知道，我看到好几间庙门口，都挂着'请勿干扰和尚'的牌子，真是有趣。你说到底是谁？还有为何要去干扰和尚呢？我们的和尚怎么都不怕干扰？你说……"

真是阿弥陀佛大哉问，我怎么会知道（我又不是和尚）。

日后想起来，除了觉得好笑，也不免纳闷起来：的确，当了和尚已经财色皆空（不过好像日本和尚是上下班的，财色也不空），到底是在怕什么干扰呢？财色干扰当然不可（高估人性地）小视之，但我想那牌子真要说的，应当是在防范"净土"被干扰，也就是怕化外世界被红尘滚滚、利欲熏心的人间所干扰。

事实上，这红尘滚滚的人间，不只干扰到和尚的"佛门净土"，人类生存的地球净土，也一样是在被严重干扰的状态里。

但是，我们能挂出"请勿干扰地球"的牌子吗？

那么，地球的净土本当是什么模样呢？
老子对天地万物的基本运作，作了他的描述：

谷神不死，是谓玄牝，玄牝之门，是谓天地根。绵绵若存，

用之不勤。

是说天地的变化永不止息，而这就是最微妙的母体。母体的门户，便是天地的根源。它连绵不断，于冥冥无形之中永恒存在，用之不尽。是说天地宇宙本来生生不息，自有生命母体源处，像江流滋润大地永不止息。

这也是《道德经》里"常"这个字的意思。常被引用的关于"常"的句子："复命曰常，知常曰明"，就谈到了万事万物自有其秩序伦理，世界尽管变化纷纭，回归本源还是最为重要，也说出"常"与"回归本源"的一体两面性。

比较完整的原文是这样的：

万物并作，吾以观复。夫物芸芸，各复归其根。归根曰静，是谓复命，复命曰常，知常曰明。

这段重要也迷人的话，是说：万物都时刻滋生，可以看见生命往复循环的道理。天地尽管变化纷纭，最后还是要各自回到它的本源。返回本源叫作静，就是复命的意思；复命就是常，能认识常，就是明。

这样的态度里有顺应自然，不要妄想主宰自然法则的意涵在内。对于西方文明自启蒙运动后，以人为宇宙中心，并想借由理性的科技知识主导一切的态度，这是很好的逆向反省。而且自工业革命后，人类数量不仅大量增长，更高度集中到都市里（预计到 2030 年时，世界人口将有61%居住在都市里），都市人类对生态系统的能源耗损量，已经大到令人担心的地步（农业时期人类平均每日的能源消耗量约 26 000 千卡，从工业革命到 20 世纪中叶，已经增加为人均 50 000 千卡／日，从那之后到现在，更增长到惊人的 300 000 千卡／日）。

人类与自然间，面临前所未有的紧张关系。老子对此有接续的说法：

不知常，妄作，凶。知常容，容乃公，公乃王，王乃天，天乃道，道乃久。没身不殆。

先是警告人类说，如果不知道"常"的道理而轻举妄动，必会有凶险到来；而能知道"常"之重要性的话，就能懂得包容万事万物，至终也才可以生生不息永不死灭。那对于已经走到目前这地步的人类，难道要我们再退回到农业文明的生活方式去吗？生态与进步是必然对立的吗？

其实并不尽然，老子相信天地自然运行的法则，认为人类只要"知常，不妄作"，就可以"不殆"了。现在对绿色建筑的探讨中，也有很多数据证明，对于生态与能源耗损愿意付出心力的建筑与都市，看起来是付出更多成本，但是在经济回馈、生产力提升与身心健康上，反而都有显性与隐性的好处。人与生态的关系，也不是由人类的退出可以简单达成，而是要寻求一种永续的共生性，建立不以消费对方为目的的友善态度。

有个真实的关于两个绿洲的故事，就说明人与生态正面共处的可能："人的存在能有利于野生动植物的繁衍。位于美国亚利桑那州图桑市附近，相距约 30 英里（约 48.28 公里）的两处沙漠泉源，1957 年之前，这两处绿洲是帕帕戈（Papago）印地安人的家乡，他们在那里耕种与栽培果树。那年，美国国家公园服务组织为建立鸟类庇护所，将帕帕戈人从其中一处绿洲逐出，当帕帕戈人离开后，那片绿洲中的飞鸟数量大幅滑落。今日，在仍有人居住的绿洲，其飞鸟的种类与数量是已无人迹绿洲的两倍之上。栖息地的物种多样化与丰富程度，是依赖人与景园的交互作用。"

人要学的只是如何与自然生态共存，并非抽身与脱离，二者并非零合的对立关系。共存共生的方法，《道德经》起始第二章就有着墨：

万物作焉而不辞，生而不有，为而不恃，功成而弗居。夫唯弗居，是以不去。

是说：听任万物生长变化，不加以干涉，生养万物而不据为己有，抚育万物而不恃才能，成就也不居其功。正因为不居功，所以功绩不会逝去。这里面提到了尊重与不干涉自然的运作法则，不据为己有也不居功两件事。近两百年来，人类越来越有意图以科技知识来干预控制自然生态的倾向，这里面的原因，当然就是想要把自然资源"据为己有"的贪念，以及对科技发展骄傲自大的炫耀。

想把万物资源据为一己之有，是人类贪婪的本性显现。老子并不天真地认为人可以无私无欲，反之，他是说人唯有无私，才是成就一己之私的最佳方法：

天长地久。天地所以能长且久者，以其不自生，故能长生。是以圣人后其身而身先，外其身而身存。非以其无私邪？故能成其私。

天地的长久，是因其不以自己的生存为目的，就像圣人一样，因为能够无私，反而成就了一己之私。老子告诉我们，私心为己不是问题，但想霸为己有则有问题，而且会殃及自身："祸莫大于不知足，咎莫大于欲得"，甚至鼓励人向水学习："上善若水。水善利万物而不争。"

老子也批评人类自以为是宇宙之主的骄傲霸气态度，并称赞柔顺和谐的做法，他说："天下之至柔，驰骋天下之至坚。"人类就算能够复制基因人，就算能够移居火星，宇宙之奥秘浩瀚，永远是实证科学无法完全捕捉的，学习谦卑才是共生之道。

人类与自然的关系，要从互利共生的角度着手，人类文明对自然环境的开发，就算不能避免，也要从生态角度去思考，尽量寻求多方生态的最佳共生利益。老子并不反对文明的演化，他反对的是贪念与骄傲心态；他并不认为人与自然是对立的，他相信二者应该合一共生，人是可以"和光同尘"地与自然宇宙共存，并终于达到"常"的境地。

也就是说，人与自然的关系，完全不必像日本寺庙那样，得时时提醒着："请勿干扰和尚"。人并非必然是凡尘俗物，自然环境也不是一尘不染的出家和尚，不必要相互回避断绝，唯恐自己害了（碍了）对方的生计，只要能互重也无私，那悬挂的牌子或者可以改成"欢迎干扰和尚"了呢！

关于永续，正如老子说：知足不辱，知止不殆，可以长久。

参考文献：

1 莱特曼 J. 永续都市——都市设计之环境管理 [M]. 吴纲立, 李丽雪, 译. 台北：六合出版社, 2002.

2 Dianna Lopez Barnett, William D. Browning. 永续建筑入门 [M]. 刘安平, 译. 台北：田园城市出版社, 1999.

耐克 Flyknit Collective 系列之
"羽毛馆" ／ 黄谦智＋小智研发

由黄谦智创立于 2006 年的"小智研发",尽管成立的时间不长,却很快凭借着对设计的定位与信念,确认出具有特性、也受瞩目的新型态设计公司。自身的背景是建筑设计,但黄谦智将设计定义拉广,以低碳对策与废弃物再利用,作为一切设计的出发点,着力于再生材料的研发制造,并依此积极推出各样大小尺度(大到单体建筑、小到墙上插座盖),与生活息息相关的绿色设计产品。

这样的策略,可由他们的说明文字阅读出来:"我们相信唯有兼具一流设计和卓越性能的绿色商品,能开拓新的消费市场。我们汇集了设计、工程、制造与产品营销的全方位能力,应用创新的技术,将废弃物创造出价值,把新颖的环保科技作实用的转化,以推出新一代的绿能产品。"

小智研发最特殊之处,应该是坚持使用完全回收的废弃物,拒绝取用任何新开采的原料,以作为设计在选择材料时的基本态度。其中,以宝特砖为基础,所衍生参与 2012 年北京设计周的耐克 Flyknit Collective 系列之"羽毛馆"(Feather Pavilion),可作为代表来检视。

所谓的宝特砖,是以 100% 回收的 PET 宝特瓶(矿泉水瓶)所研发制成,可透光、隔热与保温,由 3D 蜂巢扣锁模块,来建构结构的稳固性,绝不使用有毒化学粘结剂,重量轻且现场施工容易,生产与施工过程的碳排放量低。

小智研发在定位自己时,无论是在纵向(从材料、设计、生产、营销到品牌),或是横向(跨领域合作)的思考与组织,都放以单一专业能力(譬如建筑设计)与单一产品(譬如建筑物)为主体的旧有模式,而改为以跨界合作和复合产品 / 多元设计的灵活作为,来响应市场的需求。

小智研发思考建筑时,已经不以完整单一的观点来看待建筑,在与绿能结合时,放弃在建筑外壳通过包覆来解决的思维,而是进入到生活对象的本质探索,尤其看重建筑施工时环保材料及配件的提供,以微小与本质的方式,缓慢却彻底地改变我们的人造大环境。

这样微小的作为,真正能深入到平常生活的永续核心,不会被科技与数据的表象所迷惑,也谨守专业者当有的谦逊本质。

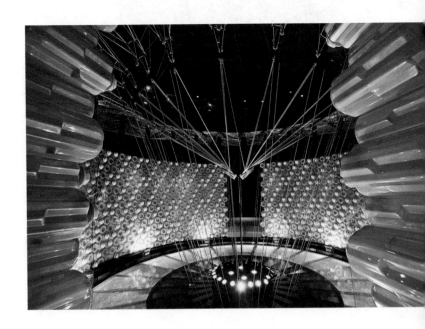

哲学
的
建筑

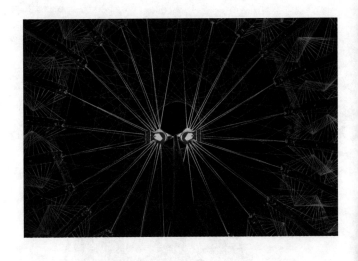

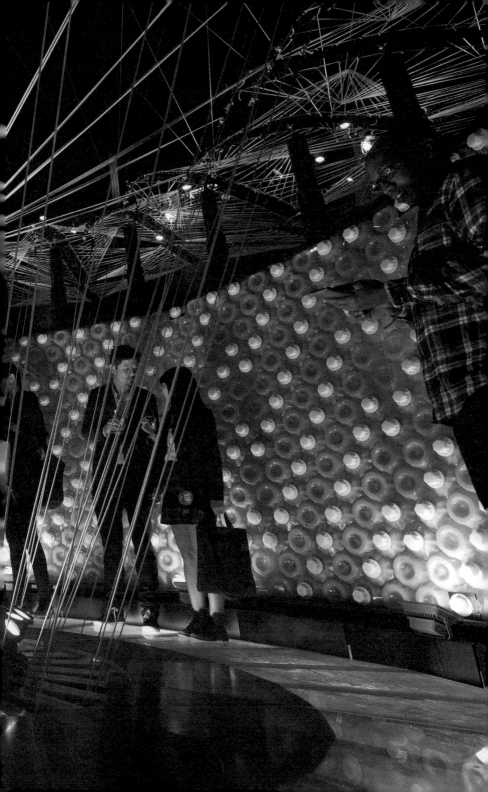

无有入无间：
谈社会

各样艺术中，建筑大概是与民生现实最唇齿相依也难以分舍
的吧！也因为这样的社会现实性，使建筑在发展理念时，会有各
样的牵绊出现（业主、预算、施作、公众期待、使用需求等）。因
此，无法像其他艺术领域似乎展翅就可轻松达到某种高度。但
是，建筑也因为带着与生活不可分割的现实性格，同时得到了祝
福般的，具有其他艺术易缺乏的重量感与正当性。

在人类历史上，艺术家必须不断与时代作呼应的实例屡见不
鲜。对于出现的社会问题，艺术家也常不能置身事外，屡屡被呼
唤（甚至被强烈要求）去作出回应。这种现象的出现，与当时
的时代有密切关联，也就是说，时代对艺术家的社会要求，有时
会多一些，有时会少一些，端视当时的现实而定。

譬如第二次世界大战前的建筑师（艺术家）对社会议题的
积极参与，就远远强过战后的世代。这原因或不只一端，但是细
看两世代所面对的时代背景，就极为不同，战前那种期待艺术家
也能为改革社会尽一份心力的波澜呼唤，在战后的社会几乎是
销声匿迹不再听闻（一个时代涌起了层出不穷、抛头颅洒热血
的千百位革命烈士，另一个时代却一个也见不到）。

建筑的社会性，除了时代环境的因素外，还有以个体思考的

部分（时代的问题不是艺术家一人可回天，但一己的作为还是要自我负责）。也就是说，建筑人究竟要怎样看待建筑的社会意义，以及，建筑究竟该不该承担社会的责任？

这里谈到的社会，就是伦理、公义与道德，以及所牵涉的公正、信实和仁爱的问题。老子说："天之道，其犹张弓与！高者抑之，下者举之；有馀者损之，不足者补之。天之道，损有馀而补不足。"以拉弓射箭过高就压低、过低就要拉高，来比喻天道减有余以补不足的本质，里面也蕴含着人类必须互助以求公平的观念。

这种观念牵涉到艺术与公义及道德的关联。公义与道德本是人性的基本面向，不管是不是艺术家，都不当回避，建筑人自然更不可不理会，尤其建筑攸关真实的社会生活，更与此息息相关。但是艺术又有其形而上的自身纯粹性，在涉入形而下的现实公义问题时，如何拿捏与取舍，得视时代与个人而定，无单一的标准可加诸检验。

老子说："故物，或损之而益，或益之而损"（有时求益反而受损，有时求损反受益），大概也是这样的意思。道德与"为众人"的公义，本无罪无错，但若被有心者利用，也可能变成害人最甚的利器，艺术家在其间的进退出入，自然要格外小心。

但是，这只是人治所衍生的双面可怕处，真理价值本身还是无罪的。老子就说："是以圣人常善救人，故无弃人。常善救物，故无弃物。"说明人绝不能见到亟待拯救的人与物，而不闻不问，对社会的不公不义，也不可能视之不见充耳不闻，公义有其绝对的永恒性，绝不可含糊混淆作对待。

然而，建筑人作为社会公义者的角色，事实上越来越难扮演，因为服务的对象，在现今的资本结构里，常就是掌权、掌钱的少数者。他们的利益价值，未必能与社会公义相符合，严重时还可能对立，在其中对抗时，究竟谁胜谁败，也是越来越倾圮难平衡。

老子说："天地不仁，以万物为刍狗；圣人不仁，以百姓为刍狗。"百姓也就如同草扎用来祭神的犬畜一般，根本不能奈何时代与世界，命运本是如是可悲无奈。

权力被少数者掌控的现象，历史上一向是政治与宗教两个面向，工业革命后，资本家适时扮演着新的权力角色，例如从工业家、企业家到现在高科技精英的世代转换，建筑人受雇服务的对象虽不断转移，却还是主要停留在少数权贵者身上，无法真正落到一般人身上。

以民主为手段的权力制衡，很大的部分还是存在于掌权者的居心，能不能真的像老子说的："圣人无常心，以百姓心为心。"我想是很多人到现在，也还不敢全然去信任的吧！

虽然这样来看建筑的社会性，会显得有些无奈与不可为，真正难为的还是个人难于改变的时代背景，与牵涉到必须全然依赖权与钱的大型方案上，若将对社会的思考，放到自身可掌控的范围内，可施展的空间是绝对不会没有的。例如谢英俊在台湾日月潭的邵族部落，以个人的力量作为出发点，对周遭现实提出他所认知的社会态度与作为，就是令人敬佩的例子。

所谓的社会性，其实也是对伦理的思考。其中牵涉的，很大部分是自己与外在世界的应对关系，老子这样劝诫过如何为人：

居善地，心善渊，与善仁，言善信，正善治，事善能，动善时。夫唯不争，故无尤。

凡事当以善为核心，更重要的是"不争"，也就是没有私心，不与人争一己之利，就能够有着"大公无私"的修养，也明白一己的存在，就是大爱大仁的最大阻碍：*吾所以有大患者，为吾有身，及吾无身，吾有何患！* 对于小我与大我间的关系，也有巧妙的诠释。

还提到动善时，提醒作为与时机的关系，暗示不要勉强在不合宜的时间去强迫作为，宁可退与等候，所以可以无为而无不为，或者如另话说的：*知其白，守其黑，为天下式*（虽然知道明亮是什么，却甘心守处于昧暗处，扮演供人使用的工具），要有着韬晦的修为。

除了时机的考虑，个人的角色位置也是重要的，每件事都有自身的观察思考点：故以身观身，以家观家，以乡观乡，以国观国，以天下观天下。吾何以知天下然哉？以此。这句话说明思考要不断随着被思考物，转换自己的思考位置，要能懂得设身处地，以对方的处境来作思考。

现在的建筑环境，不太给予建筑人社会思维的介入机会，就算有着满腔的理想与善念，因为得不到施展的机会，有时轻易就自己放弃以至消灭。但是，只要理念不灭绝，公义与道德的信仰不放弃，人的作为有时反而可以大过自己的想象。老子对不必坚持作为，但不改其志的态度，有着哲理的思考：

> 天下之至柔，驰骋天下之至坚，无有入无间，吾是以知无为之有益。不言之教，无为之益，天下希及之。

天下最柔弱的事物，能驾驭最刚强的事物，无形无己正可以穿入无缝隙的所在，我由此便知无为的益处。无言的教化、无为的好处，世上少有可与之相比拟的。

社会性是反映人的基本人格，它的存在不在于大张旗鼓的作为，而是在于一己的真实价值信仰究竟何在。如果一己的真实信仰能够存在不灭的话，不管做什么，究竟为什么人做，以及为什么原因而做，可能都不会有大关系的，因为毕竟真正的检验处，还是存在乎一己之心吧！

正义与争执有其绝对必要，但也许要谨记老子的话：

> 天下之至柔，驰骋天下之至坚，无有入无间。

邵族部落家屋重建／谢英俊

谢英俊的建筑作为,是从对于工业化之后现代建筑基本构筑的原则起始。1999年台湾的"9·21"大地震后,他为南投不足300人的邵族部落进行家屋重建,经费主要来自民间捐款,材料以轻钢架、局部的混凝土、砖,搭配当地的竹子、木材等,由族内剩余的老弱妇孺,一起动手建出新的邵族村落,让震灾后的邵族居民有家可居,也使一个少数民族的文化,得到了存活延续的机会,同时开启了谢英俊尔后以社会介入为主轴的建筑作为。

谢英俊在建筑实践中,长期对建材环保本地化、工法轻便简易、造价便宜化,甚至对在地物理环境(采光、通风、隔热等)情况,有着极高的敏锐度,整体上也一直牢牢在这个轴线上作发展。谢英俊信仰建筑的工业化方向,遵从的同时,也提出他的修正意见,其中首要的就是"简化构法",这是考虑构筑技术的不断难度化,与对特殊专门工具的持续依赖化,会剥夺弱势者自主参与构筑的权利。整个思维的目的,在于使构筑的参与权,能真正下放到更普罗的非专业阶层去。

第二个原则"开放建筑",则是在于施工的合理性,以及与在地的对话上,维持有机的可调整性。通过简化构法,让使用者得以在真实生活的过程中,直接参与到家屋的增补修改,让房舍可以随着居住者与居住行为的变化,而作出各自的差异回应。

在南投邵族家屋构筑的例子中,我们可以见到他使用山上到处可见的竹子,以及在山区可见的大量乌心杉木的废材利用,乃至于用土泥造屋的可能。其中,也碰触了谁来协力造屋的问题。协力造屋不只是选择盖屋方式,更在于社会价值,甚至生命意义的抉择,被拿来作对比取舍的抉择对象,当然就是资本主义的价值系统,与全球化的社会结构。

谢英俊协力造屋的行动目标,是以在地的材料与资源来造屋,必须利用小区所具有的种种社会条件来构建,这是与在都市里的大规模开发非常不同的。且在协力造屋过程里形成的居民自主意识与社会批判性中,资本主义所仰赖的逻辑与幻觉必然会被撼动。

谢英俊对抗的是不断被资本化的人性,而这是他目前作为的最有趣处,也可能是最大的挑战所在。

光的启示录：
谈宗教性

启蒙运动以来，在西方乃至于全世界，人本思维与理性主义逐步颠覆了宗教长久以来在人间社会的主导性格，其真实性亦同时受到波及，遭到人类的极大质疑。曾经扮演建筑艺术主角的宗教性格，在这样的波澜下，逐渐退出建筑在造型与空间意涵上向来所具有的如"启示"者的角色位置。

进入 21 世纪后，人类对理性与科技回顾的反省渐起，对于宗教究竟是什么，以及对人类的意义究竟何在，也有新一波各个面向与领域的重新思索力量出现。世界各种文化里的建筑，长久以来借宗教之名得到多元发展，建筑与宗教间的渊源与关系究竟为何，势必也将有着新的检讨风潮。

对大多数的信众而言，宗教的第一个目的是为了自我现实的救赎，也就是老子所说的："复众人之所过"，是属于形而下的，想借之化解过错、消除不安（如死亡与生活压力等），或寻求迷惑时的指示等现实目的，或进一步（更高层次）接近形而上的，想在其中寻得如何抛却现实羁绊，直接面对事物本质的永恒性。

那么，建筑真的具有宗教性吗？如果有，这样的宗教性又是什么呢？

台湾已故作家袁哲生，在他遗下的手记里，这样写过："写作是通灵，作家就是灵媒。"我十分同意这样的说法，创作里永远有灵光乍现、非理性可控制的部分，创作者必须承认自我的卑微，才可呼唤这不可名精灵的现身。若是将这种说法模拟到建筑的话，似乎彼此可相通，仿佛也可以这样说："设计是通灵，设计人就是通灵者。"若是这样，最终不管是由作家写出的小说，或是建筑师设计的建筑物，都是通灵的结果的话，那这些作品应该就要具有神谕的启示（revelation）能力了。

但有能力接收到神谕、启示的人本来就寥寥无几，而且这与人在现实里的知识、阶级高低并无直接关系。由台湾民间乩童的例子，反而可见出近乎反道而行（反智、反道德）的有趣倾向，似乎神谕也有老子所说弃圣绝学的同样态度；道德、知识与社会阶级，反而是俗世灵媒所最常欠缺的，人间所建立的知识与道德体系，可能就是直接沟通的障碍物，理性与直觉能力似乎总相悖。

然而，人间少见的通灵人，是否表示真正宗教性的建筑，也必然少之又少呢？

还有，神谕是用什么方法来启示人类的呢？

神学家巴文克（Bavinck）根据《圣经》的记述，说神对人启示的方式有两种，一是外在的客观方式，叫"显现"；另一种是内在的主观方式，叫"默感"。若以建筑的语言来说，一就是外在可见的造型，另一就是内在不可见，必须感知而得的空间。前者依赖视觉直接揭示答案，后者凭靠内在灵性的感知；对一般人而言，前者适用于集体大众快速的接收方式，后者通常则是少数个体得以触及。

老子对人与不可知宇宙的沟通模式，比较倾向于后者的"默感"。他鼓励人不要过度依赖外在物质的传达性，而要进入内感、非物质的直接性（简单说，就是要先能懂得"弃绝"，以得到"道"，最后进入"无象"状态）。他也说："塞其兑，闭其门，终身不勤。开其兑，济其事，终身不救。"（塞住通达的感官，关闭认识的门户，你就终身不会有劳苦愁困；敞开你的通达感官，极尽你的聪明能事，你便终身不能得救了。）

这样有趣的说法，应该是与"默感"同样的意思。

现代建筑在捕捉这样的宗教性上，叫人印象最深刻的大概是路易斯·康（Louis I. Kahn）。在他慑人的作品里，不仅清楚表达出不喜依赖现实象征物的态度，而广被颂赞的建筑能力里，最特殊的就是运用非物质性光的手法。康像个"光的魔术师"，借助日日可见的平凡的光，不着迹痕地将平凡空间转换成神灵闪现的化外之境，让其中弥漫着一股肃穆虔敬的气息。

当代建筑人里，善于运用光的也有许多，例如斯蒂芬·霍尔（西雅图的圣伊格那修教堂）、贝聿铭（卢浮宫加建）或是柯布西耶（朗香教堂），都能将无形的光生动地转入空间的感知中。

这些人尽管能将光运用得很好，我还是觉得康是能将光赋予圣洁性格的建筑师。康曾问他的学生说："白光的影子是什么？"学生答不出，康对学生说是"黑暗"，并告诉学生不用害怕，"因为白光并不存在，黑影亦不存在"。

汉宝德对康的这些特质曾有描述，并举柯布西耶作比较，柯布"自始即是以阳光为利刃的，1930年代的遮阳板是对此利刃的反应，而康却欢迎之，吸收之当作人文的素质加以处理……因此，康的壁面是人与太阳的交接面：为人与太阳的接触提供了框架。"他甚至称康设计的一体神教堂（First Unitarian Church）"是罗马万神庙空间的复活，对形态的彻底的觉悟"。

建筑学者王维洁讨论康的光特质时，亦提到其与宗教的关联，他引狄奥尼修斯的话说："我们的心唯有在'物质的指引'下，方能升华至非物质境界。即使对先知而言，神性与天国的美德，也只能以某种可见的形式出现。不过，那之所以可能，乃因为所有的可见之物，均是'物质之光'，那光反映了'知性'的一面，推至极点，就是天父本身的'真光'：每一被造之物，可见或不可见，都是光之天父之天使之存在的一线光……"

宗教以光作为神谕、启示也屡见不鲜。例如：佛光普照；或者《圣经》谈到神是什么，说"生命在他里头，这生命就是人的光"，而神差遣约翰来，"为要作见证，就是为光作见证"，又说约翰：
"他不是那光，乃是要为光作见证"；老子也同样说过：*用其光，*
*复归其明，无遗身殃，是为袭常，*都是以光作某种形上价值的代
表物。

　　建筑所依赖的短暂物质性，与想追求的永恒价值性，似乎天
生相抵触难互触及，如何能脱离形下物质的限制，进入形上的神
秘永恒，可能是建筑艺术的一大挑战。老子所告诫要能"弃绝"
现实，以进入不可名的永恒状态（无物之象、无状之状），就显
得特别值得深思。

　　他还说："*善行无辙迹，善言无瑕谪*"（善于行路的，不留痕
迹；善于言谈的，不留话柄），说明真正的价值，不在表面言行（例
如建筑的造型风格）的彰显，反而是存在不可见的内隐部分。

　　宗教的真伪本来纷杂难辨，但我并不以为这有多严重，人所
以需要宗教，自有其不可解的内在原因，而建筑对宗教的思考，
也不当以理性纯然作排斥。

　　因为，神秘的光、神秘的宗教，都是建筑需要的吧！

参考文献：

1 远志明. 老子 vs. 圣经 [M]. 台北：宇宙光出版社, 1997.

2 汉宝德. 路易斯·康 [M]. 台中：境与象出版社, 1972.

3 王维洁. 路康建筑设计哲学 [M]. 台北：田园城市出版社, 2000.

救恩堂／廖伟立

廖伟立的建筑美学，源自现代主义的基本信仰，但他却不断在其中寻找变奏与分枝发芽的可能。建筑材料的特质最终常会扮演鲜明的角色位置，但他却常是直接从形态（而非材料或构造特性）着手，也就是说建筑体的"势"与"韵"，才是他建筑语言的先行者，材料是在配合这个观念下，因应而生的后续协力者。

在追求"势"与"韵"时，廖伟立会回避可被预期的答案，采取更接近原型的不可知性，作为寻找美学的可能。这样的可能，尤其可见到关注点集中在形体美学与环境关系的破解，因此建筑外形的自我辩证，成为廖伟立最容易被辨识的特质了。

这样意图寻求原型、模糊与不可知的态度，让建筑展现出浑浊的可塑力量，一种莽莽气势的原生性，以及对未来跃跃然的生命能量。这些特质交织出的未明期待，好像什么尚在远方的新生命，即将要被召唤着诞生了。

基督救恩之光教会（简称救恩堂）将钢骨（金属材质）的轻盈，与混凝土的厚重，成功结合在单栋建筑里。整座建筑主要以清水混凝土的雕塑性格／量体作呈现，顶部则转成钛锌板与彩钢板的曲体，厚重之余，依旧有曲面流动的轻盈，二者的衔接成功而巧妙。

以"势"与"韵"着力的形体美学，形而下的性格依旧为其主调，视觉辨读也是主要的依赖处。但是，救恩堂对自然光线的丰富运用，让这座宗教性质的建筑，显现出近乎形而上的圣洁性格。空间里的光线细腻多元，午前光先依水幕墙流淌进来，下午则直射入大厅，大气有力，其他梯间、墙洞等小处的光线思考，亦见幽微。

这种圣洁性并不离世，反而有着相对显得"属地"（并不纯然属天）的质地，这可由地面层开放向行人，与建筑体由窗口照望出来时，见到平凡市井建筑与街道景象时，不迎不拒的坦然态度，加上建筑材料的复合性格，呈现出一种"凡圣共治"的性格，符合民间社会的基本调性。

救恩堂是廖伟立至今最完整，也极成功的对光线的呈现，能在控制与不控制间适时收放，有多元层次的自主个性，厚重与轻盈间的辩证，清晰而明朗。

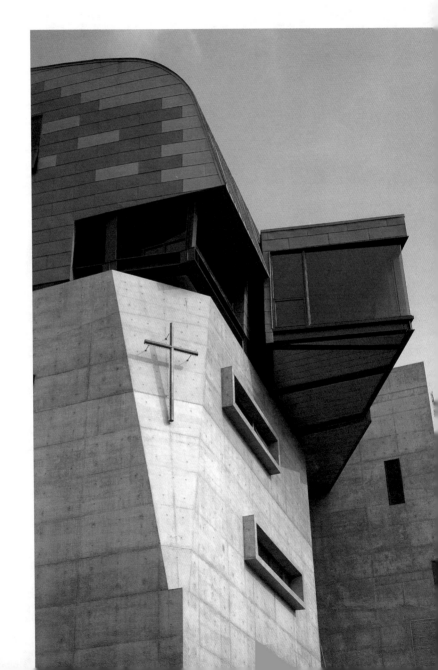

哲学
的
建筑

93

2

文学

的

建筑

大观园里思自然

提起中国传统章回小说,《红楼梦》大概最脍炙人口了。而只要提到《红楼梦》,大观园立刻跃然有如舞台般浮露出来……幕布铺好灯光打足,贾宝玉、林黛玉、薛宝钗这些美丽的千古精魂,就要鱼贯出场来。

这个两百多年前的故事,始于似乎财势正盛的荣国府,因宝玉姐姐贾元春蒙幸,被"晋封为凤藻宫尚书"(就是被皇帝选上妃子),贾府喧腾欢欣,为了元妃在元宵归宁省亲,大兴土木盖了省亲别院——也就是到如今依然大名鼎鼎的大观园。

大观园究竟有多大呢?"……从东边一带,接着东府里花园起,至西北,丈量了,一共三里半大"(也没多大啊)。而这座把刘姥姥唬得魂魄出了窍的名园,想必要花上无尽的财富来构筑吧?出人意料,大观园其实是挖东墙补西墙节约盖起来的:"会芳园本是从北墙角下引了来的一股活水,今亦无烦再引。其山树木石虽不敷用,贾赦住的乃是荣国旧园,其中竹树山石以及亭榭栏杆等物,皆可挪来前用。如此两处又甚近便,凑成一处,省许多财力,大概算计起来,所添有限。"预算显然不是太宽裕,作者甚至还借着一个赵嬷嬷的嘴,说出:"也不过拿着皇帝家的银子往皇身上使吧!谁家有那些钱买这个虚热闹去?"

贾政一日去揽看将竣工的园景，遇宝玉便拉着去题匾额对联，几个人曲径通幽、奇花烂漫，不觉间，"一面说，一面走，忽见青山斜阻。转过山怀中，隐隐露出一带黄泥墙，墙上皆用稻茎掩护。有几百枝杏花，如喷火蒸霞一般。里面数盈茅屋，外面却是桑、榆、槿、柘，各色树稚新条，随其曲折，编就两溜轻篱。篱外山坡之下，有一土井，旁有桔槔辘轳之属；下面分畦列亩，佳蔬菜花，一望无际。"

贾政一见大喜，表示勾引出心内的归农之意。极怕父亲的宝玉，此时"牛了心"地忽然与贾政唱起反调："却又来！此处置一田庄，分明是人力造作成的：远无邻村，近不负郭，背山无脉，临水无源，高无隐寺之塔，下无通市之桥，峭然孤出，似非大观，那及前数处有自然之理、自然之趣呢？"当场把贾政惹得大怒。

贾宝玉可以接受其他人造的园景，反而对这试图返璞归真的"稻香村"有异议。他反对的原因是"违反了自然"，他说如果"非其地而强为其地，非其山而强为其山，即百般精巧，终不相宜"，暗讽的似乎是贾政这些浸淫于富贵，偏又爱敢言归农的人。

中国文人自元人入主中原，不得不迁至地小人稠的江南后，对自然山水的观念逐渐改变。就像北宋山水画一山巍然独踞画面的气势，到南宋就逐渐成了画面角落的残山与剩水，原先实山实水的北地浩然园景，也逐渐发展成假山假水的江南园林。

明朝计成所写的《园冶》，谈的虽然是想以假乱真地回归自然，但他还是坚持要因地制宜、得景随形，以能"虽由人作，宛自天开"。这与贾宝玉顶撞父亲的说法有相似处，不知是不是宝玉已经读过计成这本书了呢！

人类居家环境背离自然的现象，随着文明趋化而日渐鲜明。明清仿自然的小庭小院做法，让宝玉敢直言顶撞严厉的父亲（其实是作者借宝玉之嘴，批评时人背离自然，又敢言爱自然的矛盾风尚）。如果宝玉有幸来到现在处处皆是的高楼（现代大观园），发觉脚下的土地居然可以看起来像不相干的远土，人行道绿树看起来像玩具绿点子，一切都显得真不真假不假，不知道会要说

些什么呢？（虽然曹雪芹说过"真作假时假亦真"的悟世哲语，但现代城市究竟是真作假，还是假作真，都还难分辨呢）

大观园最精彩的戏，是刘姥姥带着孙子板儿游园时出现的。刘姥姥让人瞠目结舌的乡土版滑稽精彩地卖力演出，充分满足了包括贾母在内一家大小上层贵族的虚荣心，在刘姥姥接连不断的赞叹声与丑态中，也再一次确认了大观园的存在价值。但是对注定大半将以悲剧终了的《红楼梦》诸人物，大观园究竟又扮演了什么样的角色呢？是稻香村般可一时隐世自我麻痹的鸦片烟馆？可自外于真实人世一处"不知有汉、无论魏晋"的桃花源？或是，能庇护纯善宝玉黛玉的永恒伊甸园？

明清文人对待自然的态度，与他们对待现实处境的方法，并无太大差异，就是当遇到现实挫折、不如人意时（有如美丽的自然山水可望而不可即时），就退到自己的小世界里，阿Q般对世事不闻不问（物我合一地徜徉在无人的自家后花园里）。这种态度其实与动物受创伤时，会躲回自然隐蔽巢穴的生态模式无异，只是就如宝玉质疑贾政一样的，这样的假自然还算是自然吗？它还具有原始自然抚慰万物百兽的大地母性能力吗？或是只能沦为文人自淫般的逃避现实安慰剂了？

像盆栽里精巧夺人的千年老松柏，我们究竟要用怎样的目光去面对它？称赞它婴孩般小巧可爱（但明明是千年老怪了）？还是要像《浮生六记》中，沈复描述自己如何能在盆栽园景里"小中见大、实中见虚"（他在书中写道：夏蚊成雷，私拟作群鹤舞空，心之所向，则或千或百，果然鹤也……定神细视，以丛草为林，以虫蚁为兽，以土砾凸者为丘，凹者为壑，神游其中，怡然自得），以飘渺的幻象来解决（或回避）现实问题？（真是够厉害的工夫）

自然早已远离人类文明，大量各类型替代复制品的出现，也是不得不尔？但是为什么人类生活就非得回到自然（或与自然有任何关联）不可呢？已经进化到高等动物的人类，难道不能摆脱掉这"烦人"的自然吗？生命就非得与自然挂钩不可吗？没有自然的人类还能幸福吗？

发生在欧陆的工业革命，让农业文明正式退位，全世界农村人口无可选择地陆续迁入都市，人口密度发展到几乎让自然绿地无处存在的地步。19世纪末欧洲都市里的工人阶级，逐渐对这样的生活环境无法忍耐，酝酿出日后包括柯布西耶与赖特的新都市方案，两人虽然用的是不同的处理方式，但都认真思及人与自然环境联结的重要性。

真正被后人付诸实践并影响深远的，还是19世纪末英国埃比尼泽·霍华德（Ebenezer Howard）的"明日的田园城市"方案（Garden City of To-morrow）。他的方案有森林绿地围绕，以防其无限扩大，城中央是大型中央公园，有无数小花园与游乐空间，清晰展现出对居家与自然再次结合的强烈意图。

从那时到现在，都市公共绿地的问题也许稍获疏解，但个人居家内部与自然的联结，却依然十分薄弱，甚至连沈复那样以小见大的自淫满足都不可得。现代人越来越有避入私密空间的倾向，使室内空间与自然对话的需求，逐渐成为新的议题。

贾宝玉反对稻香村，因为贾政明明心在官宦富贵，却装出爱好淡泊田野的姿态。宝玉当然赞成与自然的再次相亲，也完全不想离开人工与自然相交混的大观园，去到外面一片假象的真实世界。也许，不管我们进化到如何高等的状态，我们的基因与血液里，都还是会流淌着松林海洋的涛声呼唤，也会与月盈月亏的自然周期相唱和，这与科技先不先进无关，我们原本就来自自然，因此，尊重自然爱自然，本就是理所当然的吧！

你敢么，
现在，
啊——灵魂

最近重新细看惠特曼的《草叶集》，非常喜欢。

觉得他的诗自由、勇敢、包容，充满了对生命无尽的热爱。

惠特曼生于纽约一个蓝领家庭，11 岁就因贫寒辍学，之后沉浮在现实的社会，借着阅读自修。1855 年《草叶集》初版问世，收录 12 首无题诗，只印了几百本，印刷粗糙甚至连作者的名字都没有；次年再版，收有 32 首诗，此后到他死去，一共印了 11 版，每次都有增订。

虽然诗集并未成功贩卖，但是惠特曼的重要性与影响力，在他生前已有定论，并得到当时文坛大家爱默生的肯定，也有许多重要文学家如梭罗和王尔德的特意拜访。

台湾诗人余光中曾这样描述惠特曼：

"在强烈而乐观的民主信念的感召与启示下，他要礼赞拥抱全体国民，他要和同伴们，和美国合为一体。一个南北战争期间的战士死了，那是惠特曼在经验死亡。一个伤兵躺在病榻上呻吟，那是惠特曼在呻吟。早春的紫丁香成为美国的孩子的生命的一部分，也为惠特曼的一部分。太阳和流水不鄙弃一个平凡的娼妓，惠特曼也不鄙弃她。对于惠特曼，一具妓女的尸体是一座庄严的空宅，比大教堂还要庄严。惠特曼似乎突破了神与人的界限；他是一个神和人的化合体，他陪死者卧在墓中，陪睡者梦寐在床上，陪形形色色忙碌的行人走过布鲁克林渡口。"

惠特曼从诗人的殿堂走入平凡的人间，有能力与伤者同伤，与悲者同悲。他的另一个成就，是敢于自欧陆长远的文学传统里走出来，以一种糅合的口语与修辞，不拘诗行诗节不押韵的自由体形式，直接而且诚实地把新大陆的活力与热情表达出来。

吴潜诚在他翻译《草叶集》的导读里，写道：

"照传统的观点看，惠特曼那种缺乏旧体诗之规则与韵律的自由诗，'不像诗，也不像散文'，他那种戴奥尼撒斯（Dionysus）式的咒语不守'章法'，腾云驾雾如长翅的野马，再加上高深莫测的'神秘幻觉'（mystical vision），就像他自己说的，他的诗似乎从未'完成、写定'，'总是暗示着更多东西'。"

来看一段惠特曼的诗吧！

你以为我有复杂的动机么？
是的，我有，就像四月的骤雨有，岩侧的云母也有。

你以为我会惊动别人么？
破晓惊动人么？早起的、林间啁啾的红尾鸟呢？
我比它们惊动人么？

此际，我偷偷地诉说事情，
我或许不告诉所有的人，但我愿告诉你。

惠特曼代表由内在心灵到肉体欲望；从个体自我到民族国家与全人类；从自然环境到神秘宇宙；从过去现在到未来永恒的宽阔包容。他更代表着一种对未来对人类共同幸福的期待与信心，以及愿意为之付出代价的勇者精神。这样的态度或与当时美国的新移民背景状态有关，但是现在看来，那种澎湃汹涌敢于面对自我以及真实一切的力量，还是会令人震撼动容。

20 世纪 60 年代美国诗人金斯堡，就是一位对惠特曼极度尊敬也深受影响的诗人，在他极受称誉的诗集《嚎啸》（*Howl*）里，可以看到金斯堡对惠特曼的致意与模仿。但相较二者，也可见出两个人在诗作里，所显现出的对待大时代环境与人类未来前景，在态度上的极大差异。

惠特曼象征的宽阔包容与爱，在金斯堡的诗里，几乎只剩愤怒叫嚣与失望，惠特曼所象征勇气的正义与诚实，也转成一种虚无的冷眼旁观。二者虽然只是抽样的个体代表，但我却觉得他们除了同为优秀诗人外，似乎同时可以反映出他们身后整个时代的精神所在。

美国在第二次世界大战之后，所以能成为世界精神指标的移民拓荒大无畏精神，到世纪末已经逐渐涣散无存，甚至蒙上一层随商业利益群魔乱舞的色彩。惠特曼所显现的那种与天地正义同存的坦然自信，也不觉间被一种虚无的迷惘雾瘴掩盖去。余光中称赞惠特曼"是一个神和人的化合体，他陪死者卧在墓中，陪睡者梦寐在床上，陪形形色色忙碌的行人走过布鲁克林渡口"，那种能"人溺己溺、人饥己饥"的人道精神，在眼下的当代诗作或建筑作品（及其他艺术领域作品）里，根本不可见或相对黯然无光。

这种"小我"重于"大我"的世纪末时代特质，也可以在 20世纪现代建筑的发展中清晰见到。当然因为建筑本身的现实复杂个性，使其在显现过程中相对要迟缓些，但是如果我们看现代建筑在 20 世纪起始与终了时的表现，就可以见到这种大无畏与虚无迷惘态度的同样对比，世纪末的时代沉沦特质，在建筑的设计作品中，也有清楚显现。

反而，惠特曼勇于突破传统技法的精神，倒是当代建筑较能呈现的优势强处。现代主义在 20 世纪 60 年代的"国际式样"风格里，几乎要走到单调贫乏至极的死胡同去，也让现代建筑与一般人的距离更加遥远。80 年代后现代主义昙花一现的短暂反扑之后，欧洲为首的年轻建筑师自 90 年代起，以一连串不背离现代主义精神，又能在建筑美学上突破创新的系列作品，让本来有点僵死的现代建筑，又展现出令人眼前一亮的风采，也将建筑艺术由 60 年代的过街老鼠，再度推向引领时代目光的新世纪艺术伸展台。

建筑艺术再度蓬勃发展、百花齐放，固然令人欣喜，但是建筑本非纯艺术，是与现实生活息息相关的应用艺术，在达成自身美学之余，也还是要负起它对现实世界的责任（安全、舒适、环保与社会公义等）。这种附带的要求，虽然使操作建筑的责任与难度加大，但同样也是使建筑艺术能够屹立不倒的重要原因。

对于这部分的努力与成果，当代建筑师若要与 20 世纪初期的先贤们相比较，就真的远远不如了。那种差异有点类同金斯堡与惠特曼的差异，不是技巧能力的差异，而是理念与信仰的差异。

也就是说，是两个时代对"为什么要做建筑？""建筑是为谁而做的？""建筑是什么？"等基本问题，在回答时观点的差异。

惠特曼作为一个在时间长河里越淘洗越光华的诗人，除了因为诗作的质量傲人外，他所具有的宽广包容的人生价值观，与敢于面对内在真我的勇气，更是使作品能历久弥新的重要因素。惠特曼向整个时代证明，好的创作者必要有好的思想理念作支持。

再来读一段惠特曼的诗吧！

你敢么，现在，啊——灵魂
随我走向未知的领域，
那儿无有踏足之地，无有遵循的轨迹？

那儿没有地图，没有向导，
没有声响，也没有人类之手的接触，

没有青春的容颜，没有嘴唇，没有眼睛，在那地方。

惠特曼啊！就是我们所期待的建筑诗人！

参考文献：

1 林以亮. 美国诗选 [M]. 香港：今日世界社, 1972.

2 惠特曼 W. 草叶集 [M]. 吴潜诚, 译. 台北：书华出版社, 2001 增订版.

凡事皆有核心吗？

看了英国小说家格林（Graham Greene）的《问题的核心》，颇为喜欢。阅读中多次被作者看似舒缓轻松谈来的故事，压迫得透不过气来。先前我其实看过他的《恋情的终结》，当初虽然喜欢，但并没有到惊艳的程度（我现在反而诧异当时为何没着了迷），是前阵子因为看了他同名小说改的电影《沉静的美国人》，才惊醒般地立刻又去找来这本《问题的核心》来看。

小说虽然时空架构恢弘（但只作远景的点到为止），背后探讨的主题也深远严肃（却像背景音乐一般模糊不明），而格林却常选择由极细微甚至琐碎渺小的个人情感切入。往往是一个恍似作者化身，无力对抗命运的中产阶级白人，如何在烛火将尽的信仰支撑下（通常是天主教信仰），艰苦挣扎于现实困境的故事（而困境常就始自出轨的外遇爱情）。

有趣的是，这些困境往往是书中角色们自设的罗网，几乎都没有他人可以责怪，像晨起辛勤吐丝的蜘蛛，最终发觉将被自己吐出的丝所缠困而死，又无他者可责怪般的绝情与讽刺，让身为观者的我们在意外之余，竟不知当讪笑或伤悲才好呢！

格林将这些细微琐碎的故事，说得这样动人的好，节奏掌控得又快又紧密，很快就将我们整个导入到他一手塑造出来的微观世界，并沉浸入他这样大观园的小情、小欲、小伤、小痛里，而忽然忘记了他原本所架起的浩瀚的时空舞台，与他其实一刻也没有停歇过的深切思索着的严肃议题，好像只是读着一本小儿小女的情爱故事，流着眼泪擤着鼻涕就看完了。

但格林当然不只如此。

他这种意外言外的本领如此高强，能让我们轻易就被他的"项庄舞剑"迷住，而忘了其实"意在沛公"地失了焦。这让我联想到格林个人极尊敬的《堂吉诃德》里，那个被现实中层出不穷的琐碎、不堪与可笑事情，不断干扰、挑战与侮辱，却至死无悔的风车骑士来。他们（堂吉诃德与格林的人物）都是以被世人嘲笑轻视的个人信念作长征出发时的口粮，试图破解并找出茫然沙漠中生命迷宫的出路，过程坎坷却也引人，容易让人忘掉作者其实还有话隐藏没说。

只是，塞万提斯选择以喜剧的调子，格林却决定以悲剧的色彩，来描绘他们笔下的受难角色。这些架构在真实情境里的喜剧与悲剧，都是如此的成功与有说服力，使我们在初始时难以自拔地陷入其中，但终于还是逐渐会遥遥看见背后作者更大的言说意图浮露出来。

就不免要诧异说：原来二者都是有意的"大道微言"呢！

为什么要这样做呢？

为什么不把话直说出来呢？

长篇小说自 19 世纪起，以现实主义与自然主义为架构，就有着或以生活点滴琐事，或以自然景物描述等，皆以现实微物入手，来侧写更大抽象主题的传统。现代主义出现后，现实物的重要性遭到压制，小说或由抽象直接入手（如卡夫卡的《城堡》，贝克特的《等待戈多》），或由超现实唱主角（如《变形记》与《百年孤独》），小说与真实可见并可辨事物的距离越拉越远，也使日常事物逐渐失去作为现实与抽象世界间媒介物的角色位置。

也就是说现代小说里，层次高的就直写那个隐而不见的世界

（例如《城堡》与《等待戈多》里揭之欲出的上帝），层次低的就只能将现实生活夸张化，以耸动、惊世骇俗，以及专在文字形式上争奇斗艳。格林的特殊处，就在于他能一直坚持对写作的信仰，依然延续着某种上世纪小说从幽微处下手以现出大宇宙的态度，手法精妙却毫不炫耀，与卡夫卡的有些疏离专断，马尔克斯的华丽卖弄相比，甚至流畅平淡到会叫人一不小心就视而不见。

但这样又有何好处呢？

我个人很尊敬的台湾小说家宋泽莱，在 1988 年前卫出版社的作品集序言里，曾这样写道：

提及自然主义文学，在大学时期我就知道它了，在未十分了解写实、浪漫、超现实、意识流这些文学作品之前，它就被我喜爱了，并且懂得它的内涵，这种艺术是摒除主观、直观，以客观的态度来平铺题材的一种艺术……最重要的是自然主义者一直努力揭示罪恶警惕人，而居然可以完全不带说教的味道。

此阶段的宋泽莱，相信小说"只能张着眼睛，注视悲剧的到临"，因为"世界的真貌其实就是那样的"。

这种相对来讲显得宿命的客观退缩态度，可能是对另一更浩瀚抽象世界（命运、神或上帝），因尊敬而自然显露出来的某种谦卑，像忽然见到神佛的人，震撼之余只能跪倒亲吻脚趾，连抬脸张望躯体都觉得冒犯的那种自觉卑微。这种卑微的态度，在现代主义小说里已经久未见到了，格林的小说却让我们再次见到这样的曙光微现（也因自觉卑微，自然懂得维持客观不去说教他人）。

20 世纪现代建筑的发展历程，事实上也一样可见到前述现代主义小说的问题（夸张耸动、惊世骇俗、疏离专断、华丽卖弄等），而能像格林一样甘心细写生命幽微处，并隐隐谦卑关照着大宇宙的建筑人，实在并不多见。

某种程度上，格林小说中不断被他作对话质疑的上帝，是现代主义一直想一脚踏过、弃若敝屣的。格林虽然质疑上帝的作为，却对上帝的存在，赋予了重新肯定与再确认，他意图把文艺复兴以降西方文明以上帝为单一对话者的传统拉回来，让西方近代文明因失去信仰，而过度依赖个体与科技所显现的心灵慌乱，有了可以安心定性的可能。

以西方文明为主体架构的现代建筑，缺乏信仰的事实早已不辩自明。但是想要重新找到或回到信仰，也不是可一蹴即成的，我想首先也许可以回到与现实人生的联结上，也就是相信日常的现实事物里，其实蕴藏着许多我们并不能理解的意义（例如社会的集体潜意识、文明幽微的彰露），将自己的创作通过格林擅用的平凡事物来出声，保持谦卑不自大的心，也许信仰因此可以再度回来。

西方现代建筑因失去他们传统文明里与上帝对话联结而生的病症，其实并不必然会出现在东方现代建筑里（失去上帝，并不会造成我们文明的慌乱），只是因我们长久以来盲目的崇拜与模仿，就连病症的表象也照抄不误，因此看起来也似乎有着同样的病状。但我们目前见到自己的病，其实只是对他者病状表象的模仿，自己真正的病征可能根本尚未显现；这病征或许也快要出现了，而且应就会出现在我们的现代建筑与自身文化（或自身文明的集体信仰）联结的问题上。

就是说，东西方的现代建筑都因与旧信仰断离，而各自生了病（像两人都得了流行性感冒，症状看似相同，其实各有各的病毒来源）。不同的病毒，当然要下不同的处方，但两种病毒的母体也许同样源自现代主义，因此回头省思细看，现代主义当初对于写实主义与自然主义（或建筑的古典主义）的排斥，可能就是下处方前的诊断关键点，重新对于现实细微人生事物谦卑的关照，与衔接起人与大宇宙的对话关系，或都是让现代主义有机会重返真实土地与信仰的方法。

《恋情的终结》里，那个误以为情人在空袭中死去而慌乱无措的女主角莎拉，这样与上帝说着话：

我跪下去，把头贴在床上，希望我能相信主。亲爱的天主，我说——为什么说是亲爱的？为什么是亲爱的？让我相信。我无法相信主。使我相信啊。我说，我是个贱货，是个虚伪的人，我恨我自己。我没办法自己做任何事。"让"我相信吧。

这哀伤得近乎无望的求助祷词，或也是现代建筑某一日当体认的话语呢！

因为现代建筑是当重寻自己失落的核心的时候了。

到底是上海人！

写上海人，张爱玲早已巍巍耸立黄浦江两岸与江头江尾，任你东穿西游，大约都躲不掉她罩顶来的大黑影。她也早知如此，十分理直气壮，骂起上海人来，绝不让人插得上嘴，像是自家一人私房专用的情人，爱恨情愁酸甜苦辣添加自如，最后还不忘请喝碗甜汤安抚兼自得地说着：

"到底是上海人！"

张爱玲说上海人胖："显得个个肥白如瓠，像代乳粉的广告。"说上海人坏："谁都说上海人坏，可是坏的有分寸。上海人会奉承，会趋炎附势，会混水里摸鱼，然而，因为他们有处世艺术，他们演得不过火。"

自家儿子的癫痫头，是骂是爱旁人已难分辨与多言。

但无论如何，海派文学的旗帜，毕竟高高张挂了起来，鸳鸯蝴蝶也好，新感觉派也好，那种小市民"叨叨絮絮里透露出的是迷人的世故与惫懒"，"是出入上海那嘈杂拥挤的街市时，才更意识到自己的孤独与卑微；是辗转于上海无限的虚荣与骚动间，才更理解反抗或妥协现实的艰难。"

海派文学是架构在因人世的聪慧剔透而高人一等，因柴米油盐的平凡琐碎而无穷隽永，是沧海茫茫里的一介平常故事，与这寻常里酝酿出来异乎寻常的浓郁滋味。

平常与真实的贴人心肉，是海派文学的特质。

王安忆自 20 世纪 90 年代后，益发受到瞩目，她的风格就深具上述的海派文学特质。她也对自己这种显得平常并不刻意喧哗惊世的小说手法，有着相当清楚的自觉，说写作有"四不"原则：一不要特殊环境特殊人物；二不要材料太多；三不要语言的风格化；四不要独特性。

非常有趣的甘于平凡。

以平凡入手所能产生的艺术性，历史中绝不少见；但 20 世纪鼓励张舞一己姿态，艺术家普遍有以殊异、独特、惊世骇俗为手段与目标的倾向，大陆与台湾地区 80 年代以降的小说，受魔幻写实影响深远，尤其有着耸动夸大、语不惊人誓不休的问题。王安忆此时的出现，就像逆势注入的清溪流，令人格外舒畅欢欣。

看她在小说《妹头》里，如何平淡写妹头和她丈夫小白：

> 小白，妹头喊他。小白听见她的声音，忽然感到无尽的委屈，便流下了眼泪。妹头感觉到他的抽泣，也流下了眼泪。她隔了被子抱住小白，哭着叫他：小白，小白。小白开始想挣，挣不动，就罢了。被子把他裹得那么紧，眼泪又哽住了鼻腔与咽喉，闷得简直透不过气来。两个人被里被外地哭了一会，小白终于挣脱了出来。伸出半个身子，停了一会儿，他说：怎么办？妹头说：随便你。小白就说离婚，妹头说，我知道你会这么说的。两人谁也不看谁地坐着。平静了一会，小白正过眼睛，看见了妹头的侧面。

王安忆的文学，的确有点王德威说的"总好像缺了点什么"，因为从平淡处入手，又无意一次要倾倒众生，透剔明晰里有着婉约含蓄，说了什么又不说得全然分明，庐山烟雨让人一次看不尽。

艺术家终其一生想要成就出一棵完美的树，这艺术是一枝一叶慢慢积累的，每次创作仅能现出树的一个小角落，可能必须等一世尽了，再隔了些时空距离，整棵树的轮貌才会忽地庞然浮现。这是与另一类型艺术家创作企图不同的，另一种方式是想让每次的每一个作品，都要成就出一棵完整的树，一次创作就非得有一棵可看见的树出现，否则绝不罢休，态度与手法上完全不同。

两者或各有短长，也是完整与不完整间的区别。

台湾小说家七等生曾说："不完整就是我的本质。"他的意思是说，不要意图在他单一的作品里，一次想作全面的意义捕捉，因为作品与作品是枝叶相连，必须全面观看，形貌精神才会真正浮露出来。

建筑艺术也是如此，我们就看看最典型的中国传统建筑吧！每一幢建筑都看似与前一幢没什么差异，但只要拉大到五百年，其间演化改变的脉络就明显易辨了。也可以说中国古典建筑单栋看，就像在森林里看一片叶子，是看不出这叶子突出的意义，非要等到站得够远了，树（甚至森林）的样子现出来了，才会知道平常样子的一小片叶子，原来就是成就出这最后文明景观的必要因素。

叶子在树体上的不完整，有其成就出最终完整性的必要；也正是因此，有意识与自觉的不完整，就是对完整最大的尊重与成全。

但是在近距离时，未必能清楚辨分出何者完整，何者不完整。兔子或小鹿在被追猎逃跑时，会不断曲折改变奔跑方向，以摆脱猎食者，这不断改换的曲折路径，看似随意无目标，但有趣的是，如果拉远看下去，这样的任意曲线，在极远处看来，其实还是沿着一个明确的方向前进，并不如想象中那么随意无方向。

当代建筑在某方面，有太强烈的意图要在单体里成就全部，想在一霎间完成永恒，个人就是一切的英雄霸气，不知道这脱离大方向的突兀小转折，其实在历史上看来，可能不存在也看不见。兔子的确必须不断转折，如果只单线直跑，一定会落入追猎者的嘴；但是兔子每次转折的目的，不在于转折自身的伟大，而更在于成就直线的最终去处，因为这去处才决定了兔子能否成功脱逃。

现代建筑太重视单一的小转折，以为每次身姿漂亮的转折，都指向永恒的方向。忘了永恒与单一的关联（如同迷宫只有一个出口），而终于让自己迷失在转折不休的无止境迷宫游戏里。

同样来自上海的小说家赵川在《鸳鸯蝴蝶》的后记里，谈到故事的平常性：

"对于故事，不去营造大框架的戏剧性情节，却想让行文走笔里充满故事，小的，甚至琐碎的。这对我来说，是将故事依托在生活的脉搏上，真实，贴切，有现场感。我相信平凡里的真理和深度，看到复杂的道理，也落在细微里，乃至可以由街边的日子一语道破。深入平凡的写作，不是虚无，而是为了摒除虚饰与教条，识别心灵中的本真。"

如何甘于平凡，并现出平凡里的真理与深度，是当代建筑当体会的。而建筑人何时才能像王安忆一样，自在地说出建筑创作的"四不"呢？

海派旗手张爱玲，在小说《传奇》再版自序里，说到在上海看"低级趣味"蹦蹦戏的经过，她看到一场正戏前谋杀亲夫的玩笑戏，戏里寡妇丈夫的冤魂去告状，化作旋风拦道，官吩咐"追赶旋风，不得有误"，"追到一座新坟上，上坟的小寡妇便被拘捕。她跪着解释她丈夫有一天晚上怎样得病死了，百般譬喻，官仍旧不明白。她唱道：'大人哪！谁家的灶门里不生火？哪一个烟囱里不冒烟？'观众喝彩了。"

这个杀夫新寡的妇人，让张爱玲"觉得非常伤心了"，因为"将来的荒原下，断瓦颓垣里，只有蹦蹦戏花旦这样的女人，她能够夷然地活下去，在任何时代，任何社会里，到处是她的家。"

张爱玲虽然说明了她的伤心，却依然说得不明白究竟为何伤心，难不成是伤心自己终究不能是那个"能够夷然地活下去"的蹦蹦戏花旦？若不能当成这样的花旦，还依旧能觉得自己"到底是上海人"吗？

或许，最终能真切说出上海人面貌的人，怕不免终要成了上海人之外的上海人（因太清楚蹦蹦戏花旦的命运之苦，而唱不了那角色）。

参考文献：

1 张爱玲. 到底是上海人 [M]// 张爱玲. 流言. 台北：皇冠出版社, 1968.

2 赵川. 鸳鸯蝴蝶 [M]. 台北：联合文学出版社, 2003.

3 王德威. 跨世纪风华：当代小说 20 家 [M]. 台北. 麦田出版, 2002.

4 王安忆. 妹头 [M]. 台北：麦田出版, 2001.

5 张爱玲. 张爱玲小说集 [M]. 台北：皇冠出版社, 1987.

受祝福与
不受祝福的

在想着小说艺术一路的因缘发展，好像一直绕着写实、自然与现代主义三条脉络蜿蜒交缠而行。这三条轴线发展源头的西方文学界，早都有其各自见树见林的完整面貌，也能互补长短合成正果。相较之下，目前似乎处在某种焦虑状态的华人小说文学，却恍惚有着赤壁战前，天下尚未鼎足的失衡与不安氛围。

尽管王德威在《被压抑的现代性》一书中为晚清小说被漠视力抱不平，但是以鲁迅为首的写实主义大军，毕竟奠定并强势主导了彼时至今整个华人小说的骨干走向。王德威对鲁迅以写实为手段，想借文学与正义的对话来达成某种社会公义的目的有所质疑：

"鲁迅的作品究竟是在高声'呐喊'还是在无地'彷徨'的两难，便堪称范例，他列示了中国现代作家寻求合适的社会角色时的尴尬。正如安敏成指出的，现代作家对文学的不懈寻求，将以体察'写实主义的局限'——或者说洞识到作家与斗士两种身份不可兼得的窘状——而告终。"

在书尾，他也指出这样一面倒的"以'五四'为典范"趋向的不足处：

"由此，我也触及了现代性的四种论述：欲望、正义、价值、真理（知识）……所有这四个向度都指向以五四运动为典范的中国现代文学传统，并暴露其束缚：一种以模仿为旨归的写实主义典律，一种将墨完全等同于血的渴望，一种将利比多（libido）原欲意识转为狂热意识形态的冲动，一种写作与革命的结合，还有一种以牺牲个人的梦与幻想为代价的，对历史与真理的强求。"

这样来看一枝独秀的"五四"写实传统，就是既提携同时也阻遏华人文学往后发展的双刃刀。至少，另两支的自然主义与现代主义，因此受到排挤，无法有适当发展的空间，大概是不辩自明的吧！这因果，自然有其时代背景的缘故，当然也不能让写实主义一人来负荆请罪，其成败因果就如同曹操在《让县自明本志令》所写的："遂荡平天下，不辱主命，可谓天助汉室，非人力也。"

但是，如今一心想跻身世界文学殿堂的华人小说，是不是应该要先脱开王德威所说的束缚，再去试着一显身手呢？以及，是不是可以让另两支文学脉络也有机会冒芽生长，来与华人文学本有的写实传统，鼎足撑起沃土花园，好待春日的赤壁战役璀璨来临，开出铭刻历史的花朵来呢？

例如，我就一直以为台湾小说家七等生的小说的价值，除了他文学自身的光芒外，同时也在于他为华人小说近乎缺席的现代主义脉流，谱下一段不逊色的强势位置。而像我颇欣赏的王安忆的文学特质，也是在于其个人文采光华之外，同时与自然主义小说传统维持相互映照，能站稳文学历史价值的杠杆位置。

当然，论者或以为小说并不能以这三支作划分，但是总也无妨，毕竟当初曹操所自以为的天下，终究也不是真正的天下。我自己反倒想借由这种架构文学的观点，试着来反观建筑的发展走向，看看如果一样被三分后的现代建筑，是不是能有鼎足立天下的本事。

现代主义建筑源自西方，本是相对于西方古典主义而诞生的。它发展的基床是工业革命后建筑材料与工法的革命性改变，以及农业社会衰微后，工业化都市急速兴起的背景大环境。当然因而衍生资本主义与全球化现象的后续影响，都是在现代建筑的走势中, 扮演不可见却无处不在的主导推手力量。

现代华人建筑的发展, 除了有着华人文学前述在发展面向上相对不够完整的偏颇问题外, 还要加上后天的严重失调 (起步与接轨太慢), "前现代" 尚无机会好好长成, "后现代" 已经压身而至, 在现实产业竞争的 (适者生存) 法则下, 除了硬起头皮奋力承接外, 似乎别无办法。

也因此, 华人的现代主义建筑, 不但在表象进程上落后西方的同宗老大哥有段距离, 更缺乏西方上世纪初发展现代主义时, 如包豪斯或柯布西耶等大将, 在底层思考上所具有的对社会弱势的公义关怀。不管这关怀的真假有无可争议处, 至少华人现代建筑在这个面向, 即类同鲁迅所倡导文学写实主义 "以牺牲个人的梦与幻想为代价的, 对历史与真理的强求" 的特质上, 完全付之阙如。

也就是说, 那个对华人当代小说有 "成之败之" 效用的写实主流传统, 却反而就是华人建筑里那个不可见的 "恶意" 缺席者。若这样看, 我不免要把以 "9·21" 地震灾后邵族家屋重建受瞩目的建筑师谢英俊, 来与作了古却依旧功过未卜的鲁迅, 同排并比地来对看了。

建筑学者夏铸九在《在黄昏中浮现的社会建筑师》一文里, 叙述了台湾当代建筑的困境:

"台湾却没有历史与社会的条件, 在现代性建构的过程中, 建立有反身、反思能力的主体性。只能在发展主义主导的意识形态单行道上, 追逐现代建筑表层的浮光, 甚至是日后的国际风格的文化附庸。"

因此, 他认为谢英俊的作为 "是全球化年代台湾的社会建筑的表现之一。作为一个建筑师的实践摸索, 谢英俊还在深化与系统化他的思考, 可是, 他在抵抗什么? 他对建筑理论的挑战是什么? 他对台湾社会的意义何在? 值得我们自省, 值得我们深思。"

那么, 谢英俊究竟是在做什么呢? 是前述 "以牺牲个人的梦与幻想为代价的, 对历史与真理的强求" 吗? 若是, 这条路会也一样以 "写实主义的局限" 而宿命告终吗?

我并不知道答案，谢英俊好像也不那么在乎终点何在。他曾引陶渊明的诗："大钧无私力，万物自森著。人为三才中，岂不以我故？"表露对大我小我当一体的信念坚持，同时自勉："纵浪大化中，不喜亦不惧，应尽便须尽，无复独多虑！"

谢英俊的作为虽有争议性，但若回到文启时三分鼎立天下的观点，他却耀眼地在当代建筑历史长河里，几乎独力顶住了那个摇摇欲坠的大鼎的一只脚，也幸好有他，台湾现代建筑不致在社会意义的反省与作为上全盘溃败缺席。

鲁迅虽然因写实的社会关怀，阻挡了小说价值的其他可能发展，但是就算再看他的小说，依旧叫我唏嘘，例如《祝福》里，那个命运坎坷，全然得不到任何祝福的祥林嫂，死了丈夫，被婆婆卖入山里，却新丈夫又死，两岁儿子被狼叼走，只好再回来为佣，另个佣妇却以改嫁追着她问：

"我问你：你那时怎么后来竟依了呢？"

"我么？……"

"你呀。我想：这总是你自己愿意了，不然……"

"阿阿，你不知道他力气多么大呀。"

"我不信。我不信你这么大的力气，真会拗他不过。你后来一定是自己肯了，倒推说他力气大。"

"阿阿，你……倒自己试试看。"她笑了。

鲁迅或不觉碍了文学花园的全貌发展，但他是真爱那个死于他笔下的祥林嫂。

参考文献：

1 王德威. 被压抑的现代性 [M]. 台北：麦田出版社, 2003.

2 谢英俊, 阮庆岳. 屋顶上的石斛兰 [M]. 台北：木马文化出版, 2003.

3 程绍正韬, 廖伟立, 谢英俊, 阮庆岳. 黏菌城市：台湾现代建筑的本体思考 [M]. 台北：田园城市出版社, 2003.

天使
同时身在两地

20 世纪前叶的诗人、诺贝尔文学奖得主艾略特这样说过："但丁与莎士比亚平分了现代的世界,再没有第三者存在。"

这自然是极高的赞誉,但丁何以有此地位呢?生于 12 世纪佛罗伦萨的但丁,生命中的最后 19 年是在流亡的放逐中度过,而传世的不朽之作《神曲》,也是在他死前最后的十年内完成。他说这部全长 14 233 行,包括《地狱》、《净界》与《天堂》三部分的伟大长诗,是用来颂赞九岁初见,就成了他余生缪斯女神的贝雅特丽齐,但是,这部作品当然也是但丁对所承袭的文化及人类心灵,浩瀚承启的惊人作品。

但丁固然以非凡的诗才,铸就了《神曲》的文学地位,他同时以隐喻式的寓言,对宗教、哲学与道德的省思,铺陈出丰厚的思维基础,让后世的创作者得以在其土壤上纵横驰骋。《神曲》一如莎士比亚的许多作品,早已是西方文明极重要的创作启发源泉,也随着近世代现代化进程的扩散,成为人类所共有的文化资产。

若拿《神曲》与莎翁的剧作相比较,前者有明显脱离出历史史据与现实实证,进入宽广神话想象的倾向。整个《神曲》的场景,是以上帝雷击撒旦,使之坠落地面跌出一个深广的漏斗,形成了九层地狱;而漏斗中的土,从另一端射出,凝聚成了另一个九层的净界山为架构。

但丁在长诗里，和他最爱的罗马诗人弗吉尔一起，从冰湖之底穿过九层地狱的地球中心，来到也是九层的海中孤岛净界山，再让披白纱的贝雅特丽齐缓缓从天堂降临，携他上到九重天而得以游历天堂的整个过程。

但丁自在优游于现实与神话想象之间，他在撰写第三部分的《天堂》时，曾给友人书信，说明这一作品"并不局限于单独一个意义，反而'被称作一语多义，也就是，有数种意义'。这些意义首先分成两类，字面的与寓言的：人类死后灵魂遭遇之记述，与道德的及寓言的意义所作之记述"。

《神曲》里的多义性，是除了在故事、道德上的陈述外，还能以其寓言性，描绘出人类历史的时代动荡背景，更能以奥秘解说的方式，对形而上的世界作出具象的描述。

将《神曲》所具有的这些多义性，转置到建筑领域来连连看吧！

《神曲》故事的陈述，其实类同使用需求与对基地条件的掌握，能将一个故事完善流畅地陈述出来，就像能将使用内容与基地的需求圆满达成，是文学与建筑的第一要求。而道德的陈述，则类同于创作者主观价值观的表达，建筑可以反映美学观、社会意识等各种价值观，也可以直接表达出来。

再者，以寓言的描绘来反映大时代的涵构，建筑也可以工法、材料、技术等能显现时代精神的工具方法，直接与之作对应，也许反映的内涵层次仍不够深远，但毕竟还是有法回答的（在以寓言反映时代的特质上，已显出现代建筑的不足了）。

但真正难的，还是最后一项，也就是以奥秘解说来描述形上领域。对于形上领域的捕捉，在理性高涨的近世代，许多艺术创作都感受到局促与无力，极其唯物与依赖实证的建筑界，自然更是深受其捆绑，不能动弹。

被形容为"亚洲妖怪追踪者"的日本作家林巧，对同属奥秘的"妖怪学"有一段有趣的访谈说法：

最近，在日本面临消失危机的妖怪，竟然受到大众注目，"妖怪潮"就是在这样的背景下出现。我认为，妖怪的存在是对近代的强烈批判。我们的世界，采用近代理性主义的精神搞到这田地，人们得到了从前无以比拟的富裕生活，然而，我们真正幸福了吗？恐怖妖怪的传说，被批判为愚蠢迷信，因而消失，但是感觉不到他们之恐怖的世界里，人们能否清楚地感觉到生活里的幸福呢？

建筑比诸文学更加沉溺在理性世界无法自拔。目前的建筑作为不但无力对奥秘的形上世界作捕捉，甚至对于理性架构的脉络，尚且缺乏反省与批判的思索。但丁《神曲》所铺陈的多义性，距离现代建筑最遥远难及的，大概就是非理性所能涵盖的形上奥秘世界了。

但是这样的奥秘境界，是不是真的那么难企及呢？

对但丁与《神曲》都有深切了解的美国作家刘易斯，在《地狱与天堂的导游》中提到了与建筑极有关联的两个因素：时间与空间。他是这样写的：

"但丁在原动天中，发现所有的'何时'都是现在，所有的'何处'就是此处。因此到达那里的人都被赋予了如天使般能同时看到一切的力量——此乃天使博士托马斯·阿奎那（Thomas Aquinas）所强调的，中世纪最吸引人的教义之一。这些人也就具有天使能同时身在两地（bilocation）的能力，例如在火星天，同时也能在最高天。"

这种境界，事实上也可以在普鲁斯特的《追忆似水年华》里看到。普鲁斯特细腻描绘着眼前微不足道的小事物，我们被他幽微的美带领，进入到微观的当下世界，而忽然间他让我们领悟到，原来我们同时也进入了一个更浩大的永恒世界。

这种"一沙一世界，瞬间即永恒"的经验，在建筑空间的历史里，也是有许多例子可列举，就譬如模仿自然的明清园林，当人在曲径通幽的花木世界里优游时，似乎也可同时通达超离时空的大宇宙。

现代建筑戴着理性的枷锁牢笼，因此有其不得不尔的先天局限性，但也并非全然无望不可为。过于偏倾理性的时代结构问题，或不能短时间解决，但设计者如果能自我发展出"同时身在两地的能力"，以及能以微物见宇宙的视野，有朝一日或可能产生出与《神曲》一样浩瀚视野的现代建筑。

作为一个创作者，刘易斯对但丁的价值，亦有解析的观点陈述："但丁是文学史上作家的至上典范，他在每个重要的关头，都在（人性方面、道德方面、心理方面以及想象力方面）寻找自己、发现自己、界定自己——实际上，他诉说着他的人生故事。"

这一说法拉近了但丁与后世创作者间的距离，他不再是遥不可及的神，而是和你我没有两样的创作人，他在创作时所秉持的上述（不断面对自我）原则，因此也该是我们必须能做到的。

但丁怀抱着对早逝的贝雅特丽齐的怀想，与对家乡佛罗伦萨的思念，终于在《神曲》写完的当年，死在异乡的拉芬纳。被官方长期放逐的他，一直到去世50多年后，才被允许公开谈论他的人及作品，这其中的沧桑与悲凉，没有人比但丁更有体会，他生前就这样写过：

> 世上所有的人都值得怜悯，而最使人感到可怜的，是那些在流亡途中垂头丧气，除了在梦境中便再也看不到家乡的人。

但丁虽不能死于家乡，但他却因创作了《神曲》，而得以天使般地身在两地（当时与此刻），不受任何时间空间的拘束，与天使共翔于永恒。

参考文献：

1 但丁. 神曲 [M]. 郭素芳，编. 台北：好读出版，2002.

2 刘易斯 R W B. 地狱与天堂的导游：但丁的自我发现与救赎 [M]. 刘会梁，译. 台北：左岸文化出版，2003.

骚扰而不安的
灵魂天使

随着时光流转，越来越散发出盎然诗意、难以抗拒的法国作家普鲁斯特，在经典著作《追忆似水年华》中，对斯万夫人住宅作了幽微而近乎阴暗的描述：

> 莫非是因为在⋯⋯那些日子里，当我独自一人等候在那里时，铭刻在我脑中的念头通过我的目光刻印在地毯、安乐椅、蜗形脚桌、屏风和图画上了？莫非是自此之后，这些物品和斯万家庭一同生活在我的记忆中，并在最终具有他们的某些特点？莫非是因为既然我知道他们生活在这些物品中间，我便将物品一律看作是他们的私人生活和习惯的象征？

时间，一直是普鲁斯特文学创作里最在意的对话主题，他通过一己内在的记忆与追寻，将本是定量物的时间，自由地延长、停顿，变幻成诗成文。在他描述斯万夫人客厅的景象里，空间、物品与人，同样交织在记忆里而形同一物："这些物品和斯万家庭一同生活在我的记忆中。"

对擅长以描述微物来彰显整体形貌的普鲁斯特来说，把空间描述的注意力，放到这些"地毯、安乐椅、蜗形脚桌、屏风和图画上"，而不是在整体空间的个性，可能并不令人惊异。但是，这些一直不能被现代主义所接受的微物（唯物），是不是真的有普鲁斯特所描述的能与空间及人交混难分的能力呢？是不是真能成为人的生活和习惯的象征物呢？以及，空间是不是主要是为了生活而存有的呢？他接续写着：

> 我认为，斯万一家在这套住宅中度过的时间不同于其他人的时间，这套住宅之于斯万一家每日生活中的时间犹如肉体之灵魂，它应该体现灵魂的特殊性……

普鲁斯特将属于个人经验的吉光片羽，视作肉体（犹如空间）内里的灵魂，也大声宣示他相信空间会因时间而改变，而时间亦因人、事、地而异，这些相异的时间记忆"混杂于家具的位置、地毯的薄厚、窗子的方向、仆人的服饰等等之中"，以一种内在思维的方式铭刻在对象之上，而非仅以具象的实证形式存留。

就是说我们感知的空间，不仅局限在可触摸的实体物上，还依靠着不可见的时间与记忆来组构完成，而这些不可见的抽象物，十分适于寄生（或共生）在微小物的用品对象上，也就是现代主义视作罪恶渊薮的"无用（装饰）物"上。

普鲁斯特完成这些作品的年代（《在斯万家那边》于1913年上市），与现代主义的起源时间十分相近（包豪斯创立于1919年）。那么，这两个时间点有什么特殊关联性呢？在霍布斯鲍姆（Eric Hobsbawm）所写的"19世纪三部曲"的《帝国的年代》里，将1914年第一次世界大战的发生视为新旧世纪交替的转折点，他认为这一年的八月："在当代人的感觉中，它代表了资产阶级所治所享的世界的终止，也标示了漫长19世纪的终止。"

普鲁斯特在书中款款追忆的似水年华，在某方面讲，就是追念因应工业革命后中产阶级与工人阶级的兴起，而不得不淡出历史舞台的贵族阶级生活。在那个当时正要革命造反、翻天覆地的年代里，他却仿佛不见外在世界的天旋地变，只专注于自己生命里一些细微琐碎的小细节，并以极优雅、动人心弦的耐心与才华，将这些有如夕阳余晖般美丽的时光记忆，一笔一笔地书写描绘了下来。

以包豪斯为主轴的现代主义，本是肇因于要为新兴无产阶级服务而起的，对那些"不食人间烟火"的贵族品味，自然大加鞭罚并弃之如敝屣。近日炙手可热的德国作家本雅明在《发达资本主义时代的抒情诗人：论波德莱尔》书中，对那个时代的现象，有很好的描述："尽管资产阶级不能令其世俗生命永垂千古，但他们却将保存日用品的痕迹视为一种荣耀。他们愉快地记下对各类物品的印象，诸如拖鞋、怀表、温度计、蛋杯、餐刀、雨伞之类，他们都竭力庇护、装箱。他们尤其喜欢那些能把所有触摸的感觉都保存下来的天鹅绒和丝绒罩子。至于第二帝国末期的马卡尔特风格是：一所住所就是一个箱子。这种风格把住房看成是装人的容器，把人和他的一切所属物深埋其中，就像大自然将死兽埋藏在花岗岩般地关照人的形迹。我们必须辨别出这个过程中的两面，这样保存下来的物品是其物质价值被强调，还是感情价值被强调。"

但是如今，隔了一个世纪后，再重看普鲁斯特与包豪斯，居然发觉根本无法像本雅明或那些现代主义先贤们一样义正词严地谴责普鲁斯特的品味，因为在现今的后工业国家，贵族阶级早就消失，不再是时代的"人民公敌"（而正在形成中的新贵阶级，尚且不足为真患），当初让革命家愿意为之抛头颅洒热血的工人阶级，也几乎已被愿意有些小享受、小奢侈的中产阶级逐渐替代掉了。

时间，真的如普鲁斯特所说，是时刻更易的："斯万一家……的时间不同于其他人的时间。"阶级在政治上的对错，在不同的时间里，显现出截然不同的价值来，本无可厚非；只是空间的真实意义与美学价值，能不能在这些政治纷争落幕后，还它清白的自身位置呢？普鲁斯特对他所见到的空间，因时间意义的加入，而彰显出来的那种华彩，能不能如他的文学作品般，与时俱美地再度现身于我们的时代里呢？

　　普鲁斯特相信独特经验的重要性，相信时间在对象上所刻划印痕的记忆性，相信对生活一己品味的主体呈现，都是空间灵魂所能依恃之所在。

　　时间与记忆几乎在整个 20 世纪的空间美学里，被有意或无意地长久忘记了，内在幽微的那个一己孤独灵魂，也久不再在生命底层不安地骚动着了……

　　饭后我们来到客厅的大窗前，在阳光下喝咖啡，这时斯万夫人问我咖啡里要几块糖，并推给我一个带丝套的小凳，它散发出希尔贝特的名字曾施加于我的——先是在玫瑰荆棘下，后是在月桂花丛旁——痛苦的魔力，以及她父母一度表示的敌意（小凳似乎理解并有同感），所以我觉得配不上它，又觉得将脚放在那毫无防卫的软垫上未免是懦弱的行为。独立的灵魂使小凳在暗中与下午两点钟的光线相连。这里的光线与别处的光线是不同的。

127

　　像在月夜下飘着芬芳的玫瑰花，普鲁斯特让我们又一次看见了那种不可见、不可触摸的美的真实存在可能。

参考文献：
普鲁斯特. 追忆似水年华 [M]. 李恒基, 等译. 台北：联经出版, 1992.

无耻的
建筑

阅读大陆当代小说，从 20 世纪 80 年代起写"文革"的伤痕文学，到其后受到马尔克斯魔幻现实主义影响深远的小说，乃至于更晚些蹿起，以个人生命经验为本（类同私小说）的新世代小说家，风起云涌、琳琅满目，也几乎目不暇给。

看李师江写的小说《比爱情更假》，小说坦露生鲜，文字也活泼有韵，相当引人，但是我更被前言里由同样来自北京，也是小说家的尹丽川所写的有关将他们两人结为同盟的所谓"无耻主义"感到兴趣。

尹丽川这样写着：

先是出于敏感，后来变为自觉，师江在其小说创作中一直坚守和发扬着"无耻主义"，彻底去除风花雪月的文学色彩和文人气质，不虚伪不矫饰不形容不夸张，而采用直接有效的叙述手法，追求冷酷锐利的文风，直面人生，致力于揭示小人物的自私低俗可笑与命的卑微。

似乎是一种对现实世界虚假面貌的拒绝、叛逆与批判，勇气可嘉也显得有趣。我就直觉地由这些话联想到空间美学来——

建筑也可以一样无耻吗？建筑也可以"不虚伪不矫饰不形容不夸张，而采用直接有效的叙述手法，追求冷酷锐利的文风，直面人生"吗？

似乎……很难。

建筑作为一种既直接（可直接被所有人目视），又间接的艺术（虽可直接明见，但其旨意却有着在形式语言上与人沟通的难度，尤其是现代建筑），加上天生承载着沉重的社会成本与责任（资金、政治目的，天生必须直接面对公众的特质），使它似乎难以随设计者所欲而为。尤其它所具有的公共性格，也使它像公众人物般，失去了拥有私德（甚至背德、晦暗、阴郁）的自由人权。

那么建筑就因此不能无耻了吗？

也不尽然。

日本建筑师塚本由晴，在他与另两名建筑师合著的书《东京制造》（*Made in Tokyo*）里，就大胆地直呼东京的现代建筑是"无耻的建筑"，他的语气显然有着反讽的意味，隐隐批判名家建筑的虚伪矫饰性，对于丑与美的现世价值，也有着挑衅的烟硝战火味道。

在建筑界与小说家李师江属同世代的塚本由晴，为什么会用尹丽川一样的字眼来称呼东京的建筑呢？（他觉得东京的建筑很丢脸吗？或者无耻已经是时代的勋章与荣耀标志了呢？难道无耻等同于好质量吗？）

塚本由晴在他的另一篇文章里，对"无耻的建筑"有着描述与看法，认为从书上或杂志上看到的东京建筑，不是真正的东京建筑，因为那些只是贵族般不到 1% 的特例，一般人的生活其实与这样的建筑无关，真正的东京是那其余 99%、永远不会现身杂志上的平凡建筑，这些建筑虽然"无耻"，却也真实地包围着我们的每日生活。

尹丽川所以会认为李师江小说的"无耻"特质可贵，是在于欣赏李师江能直接诚实地面对人生真相，她说这样的无耻"是对我们所受文学教育的背叛，是拒绝对生活的遮羞与美化，是面对生命之耻"。这说法与《东京制造》的前言里，描述他们为什么要写这本书的说法十分接近：

> 书上迷人的建筑图像夸大了我们对建筑的向往，这样的东西却无法在我们的日常生活周遭找到。这种情况，会使我们突然觉得设计是多么无趣，未来则显得十分令人沮丧。如果不能试着把这些"恶心"的建筑转化成未来设计的资源，那几乎就没有特别必须留在东京的理由了。但是与其就想一走了之，我们当然也可以试着想象这些建筑有哪些可利用的优点。所以，让我们就先不把这些建筑以简单一个"混乱"字眼就带过去，而接受这一切就是真实都市的复杂陈述。

这三个日本建筑师想做的，是真正接受生活中充满无耻建筑的现象，并试着从中寻找到可帮助自己出发的养分；是不回避现实真相，反而愿意投身其中的态度。而这种态度在塚本和尹丽川的眼中，是一直被建筑师与文人们所长期忽略的。

台湾都市的建筑现象（可以台北高雄为例）和塚本由晴的描述十分相似，除了极少数被杂志报纸所报导的建筑，其余的建筑也一样充满了所谓的无耻个性。塚本由晴挑战这一事实，决定去调查测绘真实的东京建筑，并编成一本与目前市面上可见的东京建筑导览书完全相异，甚至刻意嘲讽那些有观光导览意图的书。

整本书反讽的意味浓厚，但是也借着这样的调查，试图找出这些"无耻建筑"，是不是具有能帮助他们操作建筑的正面资源。书中列出了十个关键词，用来说明东京平凡且真实建筑的建设意义所在：

1. 异种格斗技 (*cross-category*)：现代都市被强硬地在建筑体与土木结构体（如高架桥、防洪堤），以及建筑领域与都市领域上作区划，而这些领域间的混杂与混血，事实上是东京正在发生的真实现象，也才是居住者所真正需要的。

2. **自动尺度**（*automatic scaling*）：都市里一些暂时的空地，因为不想浪费其地价，而会被置入一些尺度离奇的临时构造，例如云霄飞车、洗车场或停车塔，使东京形成一种尺度异常的特殊景观。

3. **宠物尺寸**（*pet size*）：东京的高地价与高密度，使得城市发展出小如宠物尺度的空间，如自动贩卖机、子弹旅馆、机械停车格，这些仅比家具大一些的对象空间，让都市有如"超大的室内空间"。

4. **物流都市**（*logistical urbanity*）：都市的人流与物流的需求压力，使城市的发展不觉与交通流动系统相结合，建筑也因此与物流系统有结合的倾向，例如汽车旅馆、邮局或麦当劳的免下车服务站，未来的都市结构体势必更要配合这种流动个性。

5. **嬉戏性**（*sportive*）：都市已经成为现代人的森林，人必须不断运用自己的身体，来与都市环境互动，运动场所也与都市空间交混，如百货公司内的果岭练习场、钓虾池、滑板族，人已经在都市森林里运动嬉戏。

6. **副产物**（*by-product*）：都市密度超过一定程度后，有些结构体间的无用空间，就会像副产品般显现出来，成为可利用的新空间，例如高架桥下的空间，可作停车场、花市、公园，大面积的屋顶与外墙，也都是可使用的副产品空间。

7. **都市居住**（*urban dwelling*）：都市居住者面对着高密度的人工环境，必须调整自己以追求理想生活形态，一种住、商甚至工作、自然环境相混的建筑，正在改造未来都市的形貌。

8. **建物即机械**（*machine as building*）：都市有如一个不断吞食与生产的有机体，其中蕴藏着帮助运行的各样器官，例如污水处理厂、瓦斯塔、垃圾焚化厂。这些工业性格的建筑，逐渐成为被接受的都市景观一环，都市因此也将越来越具有机械个性。

9. 都市之生态系（*urban ecology*）：都市其实和雨林一样有着多层次的运作生态系统，生灵在其中依各自的小生态环境存活，人、物、环境与时间，相互交错自成宇宙，像 KTV、诚品书店或可过夜的桑拿房，都是其中的一环。

10. 虚拟基地（*virtual site*）：都市的公共服务站，如便利店、图书馆，是架构在销售网络系统的观念下。单点建筑事实上不能脱离网络系统而存在，建筑的场所精神与基地观念，不再只存留于实体物，虚体的场所与基地逐渐扮演重要角色。

塚本由晴对东京"无耻建筑"的体认与结论，有着"知耻近乎勇"般令人敬佩的实践与反省力，他们提出的十个无耻建筑关键词，也的确可以令有着类似性格的华人城市省思。比起李师江的刻薄批判性，塚本就似乎显得积极理性又有建设性，但不知怎地，我倒觉得李师江那种"野渡无人舟自横"的流氓无赖劲，某个程度还更贴近真实些。再看一小段他无耻的文学吧！

有时候我会想起爱情这个字眼，它连同死亡的气息来临。如果爱情是狗屎，为什么又会如此清晰地逼近我？如果不是狗屎，那就是我们的生活乱得像狗屎，爱的人、不爱的人、背叛者、欺骗者，杂在一堆……

为无耻的真实世界欢呼吧！

最华丽的
地狱景象

自年轻时就极喜欢日本作家芥川龙之介。他的小说风格华丽多变、意象鲜明，令人过目难忘。例如著名的小说《地狱变》，终了那段大火焚烧的场景，大约只要是看过的人都是不能忘的。

东京大学教授吉田精一这样形容他：

"他极力压抑着感伤的自我告白，喜欢摸索和他文体背道而驰，那种时而燃烧起来的激情和超现实的事实，以及由精神的飞跃产生的森然的鬼气。他终其一生，不以安于一种境界为然，而将心志放在高远的境地，不断地作艺术上的冒险。"

《地狱变》叙述的是王爷与他邸宅里天分洋溢的画师良秀（此人年近五十，"人品极为猥琐，而不知为什么不像个老人。那引人注目的殷红嘴唇，更加使人畏惧而起一种野兽似的心情"），以及被良秀发疯般疼爱的那当侍女的独生女儿，三人间互相牵连的故事。

良秀视世人如无睹，为了追求自己艺术的纯粹性，对人情伦常也不愿意理会；因王爷请他创作"地狱变"屏风，更忘却一切地投入创作，却因不能画出最后一景"那车子里面，有一个艳丽的女人，在烈火中散乱着黑发，浑身痛苦地折腾着"，而向王爷请求协助。不怀好意的王爷立刻应允，并私下安排良秀女儿扮演这终场大戏的主角，在良秀与众人面前，成为活活被烧死在厢座里的那个女人——

火花如雨一般飞舞起来——那惨热的情形真是无法形容。不，尤其是熊熊地吐着火舌涌升半空的火焰之色，可说宛如日轮坠地，天火在迸裂着似的……我看到在那车子里是怎样的少女的身形呀……从火焰中浮现出来。嘴咬着发丝，把捆住的铁链也要挣断一般地挣扎着的情形，直叫人怀疑地狱的刑罚就呈现在眼前。

因亲眼见所爱女儿被火烧死，受到地狱般凌迟的良秀，那日后却以一个月完成了惊人的"地狱变"屏风，让王爷拍膝大叫真了不起，并借之止住所有背后中伤者的嘴舌，因为"凡看见那屏风的人，不管平常怎样憎恨良秀，都不可思议被那庄严的心情所动，栩栩如生地感到炎热地狱的大苦难……"

良秀隔日就悬梁自尽，现实中的芥川，也在 35 岁那年自杀离世。

将地狱景象，或是被视作负面的价值（例如丑、恶、背德等），以美的形式作呈现，在绘画、文学或其他艺术领域，其实屡屡可见（现代艺术里尤其多见）。芥川龙之介直接挑战人人都惧怕的地狱景象，意图借由画师良秀牺牲爱女的苦痛，以让观者"不可思议地被那庄严心情所动，栩栩如生地感到炎热地狱的大苦难……"

这一切，无非是要呈现地狱之美吧！

美究竟是什么，本来就一直无定论、也不断被艺术家挑战，一般常将真、善、美并提，其中隐含着美必须与真实自然相关，并与道德的良善一体，也同时界定、暗示着不真、不善的事物，就是不美。而通常"真"指的是知识所认知的一种完整（wholeness），"善"指的是道德意志所能达到的完全，"美"则是感觉所能认知的完美。

可是芥川所追求的地狱，却是既不真（无人真实见过），也完全不善，但却偏要让画师良秀在其中寻找到美的极致与可能。芥川所以要我们见到地狱之美，是因此来理解人间的丑陋（良

文学
的
建筑

秀父女或都魂归地狱，二人却是全小说中最具圣性光辉的人，其他人物，如犹存活的王爷等，反是丑陋不堪的人），这样以地狱来嘲讽人间，以丑来彰显美的手法，的确显出芥川作为小说家的才华，与他对已经僵化的美的质疑与反扑。

建筑作为艺术形式，在追求美的过程中，就尤其可见出其与"真、善"间牵连难分的关系。因为建筑是一个"属公众"的艺术，它必然要承载为公众所制定的共同道德意识（就是建筑必须"为"善），也因其使用目的的取向过强，使它因此无法背离现实（建筑必须是真的、可检验的）。这固然使建筑具有三位一体"真善美"中的二者，但并不表示建筑因此就能更趋近美。

俄国小说家托尔斯泰在《艺术论》中，对道德与艺术是否必须要联结有所质疑："如果作品是好的，能称为艺术的，那么艺术家所受的情感，一定能传达于别人，不管他是有道德的或不道德的。"

但是，他又似乎自相矛盾地对法国诗人波德莱尔与魏尔伦，作道德上的尖锐攻击："波德莱尔的人生观，是奉粗鲁的'为己主义'作学说，而把道德代以'美'及'艺术的美'不确定的意义。波氏看重化妆的妇人面貌甚于妇人的本来面目，又看重铁树和剧场上的假山水甚于天然之物……他们两人不但完全缺乏真实、诚恳和朴实，还充满了伪拟、奇癖和自尊。所以在他们恶劣的著作里能看出他们的为人，比看他们所描写的东西还多。"

这其中当然有托氏对颓废美学的主观反对，也显示出他认为真与善对艺术的绝对必要。因《恶之花》而受法律追究的波德莱尔，当年曾汇集了四篇文章作为辩护之用，其中一篇是拿《恶之花》与但丁的《神曲》并论："但丁的诗神梦见了地狱，《恶之花》的诗神，则皱起鼻子闻到了地狱，就像战马闻到了火药味！一个从地狱归来，一个向地狱走去。"

非常有趣的是，两人似乎与芥川龙之介一样，都受到了某种地狱之美的蛊惑，而义无反顾地投身其中。他们都想在地狱中寻找美，当然这是一种背叛社会公众期待的行为，而他们所以要这样做，也是想要发掘出被社会道德的框绑下，某种本来存在，

却被刻意压抑忽视的美，也是想宣告艺术之美，是可以独立于真
与善的连锁价值外，单独的个体存在。

通往地狱的艺术之路，他们几人走来都颠簸辛苦，建筑想要
切掉与真、善的关联，建立一个完全独立的美学观，恐怕更不容
易。也因此，建筑之美究竟是架构在什么样的基础之上，就格外
值得深思与反省。

来读一小段被托氏大加批伐、波德莱尔《恶之花》中的《献
给美的颂歌》吧：

你来自幽远的天空，还是地狱
美啊？你的目光既可怕又神圣，
一股脑儿倾泻着罪恶与善举，
因此人们可以把你和酒相比并。

你的眼睛包含着落日和黎明；
你像雷雨的黄昏把芳香播散；
你的吻是春药，你的嘴是药瓶，
能使英雄怯弱，又使儿童勇敢。

你出自黑色深渊，或降自星辰？
命运受惑，像狗追随在你裙下；
你随意的播种着灾祸和欢欣，
你统治一切，却没有任何答案。

要等到何时，现代建筑才能见到这样华丽的地狱景象呢？

参考文献：
1 芥川龙之介. 地狱变 [M]. 叶笛，译. 台北：进学书局，1971.
2 托尔斯泰 L N. 艺术论 [M]. 耿济之，译. 台北：地平线出版社，1970.
3 波特莱尔. 恶之华 [M]. 郭宏安，译. 台北：林郁文化，1997.

云游骑士与孙悟空，
再见了！

重读童话般的《堂吉诃德》，以及 19 世纪法国插画家多雷（Gustave Dore）令人着迷的硬笔插画，精采、戏谑兼嘲讽之余，不觉被有如哼哈二将主仆二人（堂吉诃德与桑丘·潘萨）的行为感动了呢！

高瘦的堂吉诃德与矮胖的桑丘，各自骑着瘦马与驴子一起出发云游四海，以"伸张正义，去恶锄奸，解救苦难中的人们"。堂吉诃德这一切作为的目的，都是为了一个曾暗恋过的名为"托波左之达辛妮亚"的农家少女，他说："你即是我心中牵挂的美人儿，我将为你赴汤蹈火、牺牲生命也在所不惜。"

整个冒险的旅途过程，两人不断遭逢讪笑与作弄，也吃尽各样的苦头，堂吉诃德却不改其志地坚持到底，不愿屈服或放弃，终于还是在设计下被迫返回家乡，很快生病离开人世。

这样一对可笑的失败人物，为何能成了西方文学的经典人物？他们的价值究竟何在？又与建筑这领域有何关联？

白先勇在散文集《树犹如此》里，引述夏志清曾将《西游记》的孙悟空与猪八戒，拿来与《堂吉诃德》这对主仆作对比，并称赞猪八戒是吴承恩"首屈一指的喜剧创造"。

白先勇认为："如果孙悟空代表人的心灵，那么猪八戒便是血肉之躯的象征了。"这解释似乎也可放到堂吉诃德与桑丘身上，一个是精神上的理想追求，一个是尘世里的世俗妥协。如果这样看，那么《西游记》里另一个经典人物玄奘，又是代表着什么呢？

夏志清先生的文章里这样形容玄奘："他容易动怒，一本正经，看不清自己领导无方，却偏袒他团队中最怠惰的一员。而且，作为一个虚守宗教形式的僧人，虽然他装模作样坚持吃斋，不近女色，实际上并无真正诚意。"是一个想去西天取得真经，与你我无大差异的凡人，至于孙悟空与猪八戒，某方面或可视为玄奘的另外两个面向，反映他的心灵与肉体。若以同样方式来看堂吉诃德与桑丘的话，也同样是一个平凡人内里的两个不同角色。

人都有着心灵与血肉两个面向，那么建筑呢？

建筑像所有的人造物，被创造来提供人的使用，本不具有灵魂（像椅子、刀叉、手机等）。但是建筑因为以空间包覆着人，成了人与自然宇宙间的媒介物或隔离体，人若在寻求与自然对话时，建筑空间就常常成了那个无法缺席的第三者，并因其具有实质以及长久的视觉个性，使其同时常被赋予精神的象征地位，例如政治权力与宗教个性，往往必须依赖建筑的语汇来传达。建筑因此并不能自身决定、类同宿命或世袭般，开始扮演着如同代表权力象征的皇冠、玉袍和尚方宝剑，或宗教使用的圣器、法器等，所具有形而上的精神意涵（建筑似乎可直接代表权力与宗教意涵，也同时仿佛具有灵魂般的被人格化）。

这使得建筑也如玄奘或堂吉诃德一样，具有人类一体两面的矛盾。

这个仿佛是隐藏在每个人内心的两个精灵，也是和堂吉诃德与桑丘，或孙悟空与猪八戒一样，日日为着什么当做什么不当做争执不休，譬如堂吉诃德一心决定要与风车一决死活，桑丘拦不住，只能在后面死命叫着："回来啊，主人。那真的只是风车啊！"或是玄奘被盘丝洞女怪抓走，孙悟空趁女怪入水塘洗澡，偷走衣物困住她们，猪八戒却被色诱，迫不及待地脱衣跃入共戏水，结果被女怪的蛛丝困住，差点脱不了身，两人一个往东一个往西，差异不可说是不大。

那建筑的两个精灵是什么呢？

头一个精灵，当然是猪八戒所爱好的食、色、名、利，或是督促桑丘继续追随堂吉诃德的现实诱因：答应赏给他的几头驴子、钱财与一个海岛。建筑生命体与之相对应，自然一样可以是类似胡萝卜吊在前面，让人拼命追赶不休的名与利。建筑的另一个精灵，又是什么呢？堂吉诃德冒险犯难，为的是荣耀"托波左之达辛妮亚"这样的永恒恋人；玄奘受尽折磨去到西域，为的是取得他所信仰的真经。

那么，建筑也有这样的永恒恋人与西域真经吗？

远的不说，现代主义所架构出来的建筑，事实上十分依赖形而下的单面价值观，例如对工法、材料与形式风格等具象物的高度依赖，同时又在上世纪的末期，与商业资本过度靠拢，缺乏自省而导致建筑的商品化，表象价值与名利诱因完全主导，实在见不出现代建筑所追求的永恒恋人或西域真经，究竟是些什么？

人性本是人的本存部分，没什么该遮掩躲藏的，也没有不对。20世纪以降的建筑问题，并不在于有了形而下的价值，而是在于没有可用来相互抗衡的形而上价值。这问题其实很简单，就像如果《西游记》缺了孙悟空，只有猪八戒，或是《堂吉诃德》只有桑丘，没有堂吉诃德这个虚构骑士，整个故事还能成立、还能流传千古吗？

21世纪的建筑发展，并不是要去消灭形而下的价值观，而是在如何能同时建立起形而上的价值观，也就是能真正有着属于自己，如同信仰般的永恒恋人与西域真经。

阿根廷小说家博尔赫斯谈《堂吉诃德》时，提出一个有趣的观点，他认为《堂吉诃德》是写实主义的，塞万提斯用对现实世界的真实描述，来对照出一个诗意的想象世界。他说："塞万提斯不能采用魔法巫术的情节，他用微妙的方法暗示超自然的情况，因而更为成功。塞万提斯内心里是喜爱超自然的。"

相对地，《西游记》似乎就是反过来，将一个现实所发生的历史人物与故事，写成超自然的魔法故事。若把现实物视作形而下，而将幻想虚构物视作形而上，事实上，两本书一个是由形而上成就出形而下价值，一个则是由形而下来成就出形而上价值，异途启程却皆通罗马。

现代建筑若有心，即令是由形而下起始，也是有机会通达形而上殿堂的。

塞万提斯写《堂吉诃德》，隐隐有着一种对逝去的骑士精神的追悼，写法虽然嘲讽戏谑，但情感却温软动人，让堂吉诃德几乎成了背着十字架的那个"最后的骑士"。吴承恩的《西游记》，成功写出中国古典文学的经典喜剧，让孙悟空与猪八戒化身成所有中国人最爱的角色。

对于这几个古典小说里的人物，我们只能挥手对着逝去的时光说再见，然而对犹在挣扎的现代建筑，也许我们反倒应该热烈鼓掌说："欢迎光临！热烈期待并欢迎云游骑士堂吉诃德与孙悟空，大驾光临建筑界！"

参考文献：

1 塞万提斯. 唐吉诃德 [M]. 刘怡君，译. 台北：好读出版，2002.

2 白先勇. 树犹如此 [M]. 台北：联合文学，2002.

3 博尔赫斯. 博尔赫斯文集：文论自述卷 [M]. 王永年，等译. 海南：海南国际新闻出版中心，1996.

繁花的
诗意山脉

近几日，又翻读起我多年前翻译的法国小说《鲜花圣母》。

作者让·热内（Jean Genet）是我在美国工作时迷恋上的作家。他的书写无论在文体与语言上，都同样令人过目难忘、印象深刻，萨特称他为"圣热内"（这样说当然因热内一生背负孤儿、小偷、娼妓、同性恋者等背德身份，而意欲替热内对抗鄙视他的社会道德的意图），也对他的文学极度赞誉，形容作品"迅速、抽象而枯干的华丽，无可比拟的壮丽、讽刺与轻快"。

（我立刻想着有哪个当代的建筑作品，可以用这同样的话来作形容呢？）

我当时尤其着迷于热内有能力将个人对世界的疏离感，转换成如诗的文学美学。萨特在这本书的序文中，特别描述了热内这种极端的疏离感：

这个世界视他为瘟疫地隔离囚禁了他，他也刻意强化这样的隔离。他沉潜到无人可及也无法理解的深渊；在整个欧洲的骚扰不安中，静享着死尸般苍白的平静。

萨特继续说：

我们见不到（至少初始时）沟通的意图（倒是有些踌躇与反效果的尝试）……如果人类在这种极度的茫然中，仍可算是存在的话，唯一的原因必然是他仍能以孤寂来与这个世界对抗……

建筑要如何来表达这种疏离、孤寂与反沟通呢？建筑能否如热内般以孤寂荒凉来与这个世界对抗呢？

世人皆知建筑美学承负着太多现实的羁绊，预算、业主、法规、技术、材料……甚至连政治权力有时都如影随形无法避免，相对于文学书写的独立、自由与轻盈性，自是不可以用同一标准来作检验。但如果承认空间美学也是艺术的一环，那么不管呈现自我内在性的途径有多困难，我们都还是得将之回归到与人类心灵真实对话的深刻度来作评看吧！

也就是说不管你是在写蝇头小楷（像故宫那些雕在象牙上，只能用放大镜看的文章），或是每个字直径两米的超级大字（过新年时在广场上的贺节特技表演），我们真正要看的还是你所写出来的字，是否说出了你内在心灵的私密话语，是否有能力触及他人的内在心灵（与字体大小及技术难易无必然的直接关系）。

若用这种思考点来回看热内与建筑的关系，就不能将之分化成不相干的两件事来看待了。热内借由文学表达内在心灵与现实世界的疏离，就是他艺术的真正核心（也是他要创作艺术的原因）。因此，如果今天热内（不幸）成了一个当代建筑人，他要在设计作品中传达的，应该也是一样的东西（与现在景气好不好，股票几点，营造厂是否粗劣，比图是不是黑箱作业都无关）。

他要做的就是有着"迅速、抽象而枯干，以及壮丽、讽刺与轻快"的风格，又能真切传达出"疏离、孤寂与反沟通"个性的建筑吧！

建筑有其架构社会需求的必然使命，无法自艾自怜躲在大观园里吟诗咏乐不问世事，因此在表达建筑时，必然先以社会性机能为目的，才可以思索后续个体自我的呈现。这先后次序的关系，使大半设计作品都停顿在现实的庞大泥沼里，流沙般陷在其中进退不能，要脱身已不可得，怎么顾得了自家后院究竟该栽什么花、该种什么草了呢！

那么，建筑人有可能成为像热内一样具自我特质的艺术家吗？

很难，但是并非不可能。

让我们先读一小段热内的文字吧！

我只能片段零星地知道这些郁色迷人花朵的美妙绽放。一个是由一小片报纸上看到的、一个是我律师不经意提到、另一个则是因犯们吟唱般传述的——他们的歌声穿过牢房，朦胧、无望而悲伤，有如夜里唱的悲叹曲。乐曲终了时尤其显得动人，好像是由音乐天使所散发出来的，但也同时使我惊怕，因为天使令我不安。天使让我联想起白色、模糊、恐怖如鬼魂的透明肢体。

建筑有着外在性的本质，与文学先天具有的内在特质并不相同，或者我们可说文学就像是自家的后院，高墙围起来后，爱怎样栽怎样种，完全是自家肚脑里的事，而建筑却像是堆砌一座山，整城的人都同时观望着砌山的过程点滴，期待（与要求着）这座山应该如何。

堆好的山，事实上存在于一定的距离之外，每个人日出日落都见得到它（像一个大块体，一条轮廓线般，存在于目光与记忆远处），与人心灵的距离遥长难触及。但是这样遥长距离外的山，并不仅是一块大岩体，或只是一条看似优美的山脊线，它有树有花有草，也有虫有蝶有鸟，有着人人可见的视觉外在性，也像后花园一样有着真实血肉躯体，与蕴藏不显露的丰美四季。

山里的花园，虽非海市蜃楼般缥缈不实际存有，但比经营自家的后花园（在现实上）困难太多；建筑空间要表达出像热内在《鲜花圣母》内，一样阴暗、奥秘并贴近人性幽微面貌的能力，相对显得笨拙也沉重。

再来看一段热内的迷人话语吧！

关于他们的死，我需要告诉你内情吗？因为能说的只是……当他（韦德曼）知道法官死刑的判决时，用一种莱茵河域的口音喃喃说着："我早已超越那个了。"

这个故事并非完全虚构，你可能会听见血液的呼唤：因为在夜里，有时我当以额头去撞门板，以解脱自世界初始就追索我不放的混乱记忆。请原谅我，这本书原只是我内在生命的一个小切片。

这是不是意味着建筑艺术，将永远无法企及文学艺术的内在深沉性呢？

当然也不是。建筑的力量在于能与人类生活的真实面向，作出确切对话。它是各项艺术中，最能在生命现实与艺术幻想间作出平衡的一种；它所具备的解决现实问题的能力，使其他艺术相形失色，但也因这样必须顾全现实的缘故，它也失去其他艺术容易具有的幻想性，以及与个体内在灵魂对话的能力。

建筑就像一座庞然的山，它是"属于"（belong to）也是"为"（for）众人的（是众人的艺术、非一己的艺术），它的迷人处与可被尊敬处，也就在此。

其他艺术所达到的幽微深处，也许建筑艺术仍未能触及，但这是艺术先天本质上的差异，各有所长非战之过。但是，建筑艺术的山脉，能否逐渐长出像热内文学书写的疏离诗意性，与对心灵底层幽微的捕捉能力呢？它的现实沉重特质，是不是因此需要比其他艺术更长的时间，才能完成同样的深奥性？目前犹未能繁花满谷的建筑山脉，也许只是因为冬日尚未过尽吗？

作为一门贴近现实的艺术，建筑艺术有其不可免的优势特质，像因其与现实的必然联结，而有着其他艺术少有不可替代的正当性，也因其现实特质而衍生出步伐沉迈的独特厚重个性。

萨特在他文章的最后，这样对热内作了结论：

> 热内借写作来确定孤寂、满足自我；写作经由问题的显现，带引他去寻找读者。借着文字本身的效用（与其不完全性），这个手淫者得以转化成作家。他的艺术永远有它独特的味道，而他"沟通"的方式，也将是永远特异的。

我期待更多热内般的花朵（想借由建筑来"确定孤寂、满足自我"的设计作品），在将临春天的建筑山脉里逐日绽放……

跳远选手
永不退休

台湾的现代文学到现在，最叫人扑朔难解的作家，应该就是七等生了。

因此，对七等生盲人摸象的文评，自20世纪60年代起就络绎不绝（张恒豪曾将其中自1966年到1992年间的部分评论，整理成文集《火狱的自焚》与《认识七等生》）。

但是七等生为何难解呢？

也许可以从他的文字，处理真实与幻想的距离，以及道德观三个角度来看。

70年代颇具影响力的台湾文评家刘绍铭，曾称七等生的文字是"患小儿麻痹症的，不能孤立地站起来"。他对七等生的困惑与"反感"，是来自于他后来所承认对王文兴小说《家变》价值的同样误判，他说："现今想来，我当初排斥《家变》的理由，无非是我的文学趣味太保守、太传统和太理性。"

七等生的文字与王文兴一样，因为不遵循传统与理性的路径，因此看起来显得突兀难以接受。但是七等生和王文兴为何要这样子处理文字呢？

文字有如一切创作的语言（譬如建筑的造型、材料使用），必须不断被更新挑战，以寻找创作的新的可能性。七等生的文字，在组构上并不依循文学旧习与传统的规范，反而是依照意象显现与音韵而走，让心灵中视觉意象的显现，与音乐节奏的优美性来作主导决定，使文字除了在传达意涵外，也能有视觉与听觉更广泛的个性出现。

看一段七等生在小说《跳远选手退休了》中的文字吧！

他没有信心他有跃过缺口的本领。这个巷弄看起来异样的黝黑和诡险，他的心被自己的意志和险深的情况之间的相互牵扯惊荡着。害怕终于使他感到软弱，他转身往回走，跨过窗槛，回到屋子里。

七等生简练、生动又优美的文字，从初期被文评家排斥，到如今变成中文当代文学一个重要的新里程碑。文字借此得到新的自由可能，更将文字本来具有的意象与音乐性，从因长久耽溺在形式惯性中，而逐渐消逝去的过程，再度召唤回来。

早期的评论虽多，但多半漫天射箭、无处施力，台湾诗人杨牧的《七等生小说的幻与真》，为解读的方向开出一扇有趣的大门。这篇文章对幻想与现实的意涵有重要的说明，他说："幻想与现实，同时存在于七等生的小说世界。若是现实已勾划清晰，则幻想扩张之，深刻之；若是现实仅见梗概——在一般情形下，七等生的现实相当隐瞒——则幻想揭而显之。幻想对七等生而言，只是手段而已，他通过幻想之运作开发探讨他亲身体验思维的现实问题。"

再拿《跳远选手退休了》作例子吧！

一个初到城市来的年轻人，有些失落地寻觅着自我生存方向，他夜里被一只黑猫吵醒，并因而见到对街一口亮窗："……他窥见了'美'，窗框内的线条和色块并没有构成现实的某物，但它们的组合却足够晓喻了意义。"

年轻人后来找到很好的工作，但仍一心悬念那亮窗。他到对街楼里寻访，不但不可寻还招来他人的讽笑。只好夜里直接爬出窗，去往对面的亮窗，却被黯街横断阻隔，于是便去练习跳远，以求一日得以跃过黯街，进入亮窗。他的专注与跳远的成果，渐渐受到人们注意，并要求他参加运动会，以为乡里争光，却被他拒绝（因他练习跳远，只是为了到达亮窗内的"美"，而非比赛得奖牌）。最终，他惹怒众人被逐出城，并搭错车到达一个幻境般的"北站"，遇见一个盲哑的女人……

> 他立在门前叩门；盲哑的女子依旧端坐在那里，他走近她，牵着她的手；他静静地与她度过这改变了世界的难以奈何的黄昏，他和她似在进行一种交谈，却没有语言发出。

七等生以现实为本，自在穿行出入于幻想的世界，杨牧对此接着说："特殊的现实问题之所以能够呈现普遍的意义，则归功于幻想因素之充分运作，建立各种比喻的形态，终于构成寓言托意的艺术系统——七等生小说中的幻想，比现实易于理解，易于接受。"

能在现实中将幻想驾驭得如此成功的作家，在现今这远离神话，极度依赖现实实证的时代，的确不易见。七等生的小说角色，所以能轻易就跨入幻想世界，也是因为他们有一种对个体坚持的态度，拉远与现实群体的黏腻关系，而得以拥有清明的自由主体。经由这样的距离与自由，他的角色得以彰显出个体的宇宙道德观，而能不受社会群体的共同意识所左右。

那可不可以也从文字、真实与幻想的距离，以及道德观三个角度来看建筑呢？

建筑的创作语言有其更强大的理性必然性，在传达其现实目的之余，要让意象与音乐等他种个性介入，的确比小说创作更难。

七等生穿行于现实与幻想间的能力，放诸于现代建筑根植于上世纪初，以人道关怀为基础的群体意识上（如包豪斯打倒布尔乔亚，维护蓝领利益的阶级意识），本就难能给予幻想有发挥的机会，现代建筑后来又因商业的强势主控，使创作逐渐转为个人英雄表现，以追逐现实利益为目的，这二者的群性与现实个性，都极端地制约个体幻想的存在可能。

人类生命如何能无幻想以存续？又如何能在强势的现实环境里引入幻想？也许可以学杨牧所说明、七等生如何能在创作里，巧妙地将"幻想因素充分运作，建立各种比喻的形态，终于构成寓言托意的艺术系统"，并且终于让现实问题"能够呈现普遍的意义"。

七等生的自我与他的小说角色，都有着对个体自由极度的坚持。这种特质也让他能够有机会发展出独立的道德观，不受社会文化与惯习（或政治经济目的）所操弄，并因而得以跨入另个属于人类心灵的永恒领域，探索作为一个人类的个体，在面对命运时的应对与处境。

这种自我与现实间距离的适当维持，对与政经现实几乎肌肤相贴的建筑行业，当然不容易。但是就算不易，建筑在个人语言的建立后，最终还是一样要回到全观的检验面，也就是还是要看你究竟是为了什么在做建筑？

要能保持住这个方向舵，个体与群体某种时空距离的分离，得以看见自身位置与方向，也许是不可避免的。而对于自我创作的纯粹性，是否能持续地长期维持，当然更非易事，也是尤其要小心应对的。

这里引一段七等生《重回沙河》中《烙印》的文字，作思考的一些参考：

自从在高雄火车站广场地下道拍摄了那位躺卧的脏污少年的睡姿之后，我心里一直不能忘怀当时拍摄的恐惧印象……这样推远下去，我应为他牺牲，这样才算是"爱"。我自惭的是我没有爱而却做了爱人的举动。天啊！他真丑！……如果我是他，我会把自己隐藏起来，不能如意地生活，我就去死。我虽也与别人也有不同之处，可是我不能忍受我像那种模样的丑态。为什么他不能像一般人般修饰自己,他没有知识吗?他不能依靠自己吗?他的样子到底归属谁的责任呢?

面对自我的勇气与诚实态度,或是一切创作的起始点吧!也是那个可在运动会夺标,却拒绝参赛的跳远选手,那种宁愿被群体所逐出城,也不改一己坚持与追求的毅力吧!

参考文献:
1 张恒豪, 编. 火狱的自焚 [M]. 台北:远行出版社, 1977.
2 七等生. 银波翅膀 [M]. 台北:远景出版社, 1980.

3

社会
的
建筑

朗读违章

台湾在战后迄今逾 60 年的都市与建筑发展中，先是承继日治时期的原有纲略，再续以美国系统为主的西方都市计划及建筑观念为师，建立了一套以效率为上，以产业发展为优先的都市及建筑治理模式。

基本上，是借由一种由上而下的系统，来达成都市与建筑在效率与利益上的最大值。在这种过程里，政府的思维具有高度的决定权，个体的空间意识在其中则难以伸张，最大范围仅止于在自己的空间私领域内，隐约低调地施作所谓的"违章建筑"。

若回顾台湾近代的违章建筑历史，可以回溯到 1949 年国民党撤守台湾时，大约有 200 万人同时自大陆迁入，当时以 60 万人作居住规划的台北市，立刻就充塞了各式各样的违章建筑（1963 年的记录载明：28％的台北居民住在违章建筑里，这大约是 5.5 万户住宅）。

然而，这种以个体为出发的违章建筑，随着都市与经济的发展，却有着惊人的蔓延现象，甚至蔚为台北极为显目的景观特质，也直接挑战都市的管理机制。台北市政府为了因应这现象，订定可暂缓处理（等同于不必处理）的"既存违建"规则（即是如经认定属 1994 年 12 月 31 日以前的既存违建，则可依规定拍照列管），是一种在政府控管与公民自发间妥协与折衷的处理办法，可谓标准的法律与现实共生例证。

但是，这样在统一管理与个别权利申张间的空间矛盾，却不因此消失，尤其伴随着公民意识的蓬勃发展，反而有越演越烈的趋势。本来内隐于社会里的空间权利问题，所以会陆续这样浮露出来，与社会意识随着时间改变，及其所连带而起的公民主体的兴起有关。

这样的过程里，台湾现代建筑发展也开始有着与小区结盟的发展

台北市内无所不在的"既存违建"。

趋势，其中对于在地价值的重新认知及公民意识的崛起，配合逐渐浮现的经济泡沫化现象，让建筑师们得以再次审视台湾的现代建筑应如何作为。

建筑学者罗时玮于 2006 年写道："于是，有一种'在地的'感觉浮现出来，这可以有好几重的意义，一个正面的含义是'活出自己'，这是相对于全球化、国际化而言，一个区域整体文化上的讯息，感觉到一种自己特有的、可供作文化认同的部分逐渐清晰起来，可以比较自信地观看自己的处境与问题，也可以说逐渐形成一个能够论述自己的条件与氛围。"

"一种自己特有的、可供作文化认同的部分逐渐清晰起来"，也就是说，这时期的建筑发展已逐渐摆脱战后被禁锢已久的"现代与传统"论争，也局部厘清了 20 世纪 80 年代以降建筑与商业的模糊牵扯关系，更以"在地的"新思考位置，直接回答公民权利兴起后的社会需求，也借此建立台湾当代建筑的新走向。

在这样的社会环境变动里，现代建筑的美学思辨也同步变化，从原本所深深依赖的"由上而下"单一系统（指由专业者经由学习西方或日本的现代主义思潮与美学价值，并转介入台湾

都市环境的方式），逐步可见到另一种"由下而上"的发展与挑战，也就是以在地现实为依据所发展出来的美学观。

这样与"既有环境"如何作接合的思考中，在台湾几乎已经蔚为风华的违章建筑，是其中可以拿来作检视与辩证的城市现象及公民建筑美学议题。

我于 2011 年 3 月在忠泰建筑文化艺术基金会的主办支持下，邀请了谢英俊与王澍在台北市中华路一段 89-4 号的街区里，以现场真实的建筑行为一起参与展览"朗读违章"，来探讨违章建筑与居住自主权的关联，并同时思考公民美学的存在意义与必要性。

这个展览延续了过往我对城市的思索，包括对于 20 世纪以来已然成形的第一世界都市的观察与批判，并重新省思现代亚洲城市居民的生活所自然显现的各样细节的意义，以探索差异、自发、多样与可变等这些细微特质，在现代城市与建筑里如何能够被正向思考与呈现。

在台湾蔚为风华的违章建筑，是此次展览选择共同叩敲的都市现象，而展示与操作的场地，是仍有过半住户依旧生活其中的老旧街区（另一半已空出，等待都市更新的重建）。王澍选择了极具普遍意义的屋顶加盖，谢英俊则切入到共有领域的公寓后巷，挑战公私领域间的壁垒关系，过程中也确实引发某些既有住户的反弹与抗议。

王澍与谢英俊的过往作品，都提出对现代建筑的反思，与对这样操作路线的修正看法，并积极探索新的可能。其中，谢英俊一贯的建筑信仰，是注重建材的环保与在地性，工法轻便简易，造价力求便宜，关注在地物理环境（采光、通风、隔热等），触及社会弱势者的居住权，同时思索建筑专业被精英垄断等社会议题。

王澍意图挑战现代主义的思维，并积极在这样的大时代背景下，坚持以个人作为提出对差异的捍卫。其中，也是在针对全球标准化制造背后的简单专业化，提出他对真实、自发、差异的生活的捍卫。

二人都是以小型、独立的建筑操作模式，来对抗与修正现代建筑的大方向，都相信建筑必须以人为本，同时尊重传统技法与在地材料，充分展现由下而上操作建筑的可能，也挑战及再定义建筑与权力间的关系。

王澍的展览作品"亦方亦圆"，延续了他在 2010 年威尼斯建筑双年展上获得特别荣誉奖的作品"衰变的穹顶"的概念。选择可以快速搭建与拆卸，对建筑环境零负担的简洁木料，做出模具化的构筑，消耗资源少且技术难度低，并以这一件显得轻盈、简洁也优雅，同时具备移动性的作品，来向四围的都市违章建筑致意。

王澍的作品"亦方亦圆"与周遭环境共存。

王澍的作品"亦方亦圆"，简洁优雅也具环保观念。

谢英俊的"后巷桃花源"，采用在都市营造现场里最常使用的钢管脚手架，以就地取材的思维及条件，来组构一个临时性的"后巷违建"。这样的构筑法，不但可以因地制宜，并且具备开放性与弹性，让其他传统的材料与工艺，也都可自由搭配一起组合，且随着用户的需求改变，还可灵活作变更。

后巷作为都市住宅延伸的内隐空间，因其暧昧不明的定位，涵容了居民多变的使用方式并形成丰富的样貌。相对于绝大部分由建商所提供的"合法住宅"，由居民自发建构的智慧与多样性，反而得以在此充分地展现，而长久以来我们所认定的"合法住宅"，相对之下却显得呆板与愚蠢。

谢英俊在既有的后巷中，搭设属于居民共有的生活场景，除了带领参观者穿梭、体验原有居民所共同创作的后巷空间外，更积极提供此空间作品作为居民实际生活的延续与公共活动的平台，让原本显得负面的后巷违章活动，转变成共同创作的新作品。也许，在不被认可的隐暗后巷中，还没有被扼杀的丰富创造力，才是现代都市民居应有的样貌。

钟乔2011年曾撰文写道："'违章'一般被视为是非法的、欠缺合理基础的建筑，因而，理当被公权力的'怪手'给铲除。然而，就如摊贩虽为非正式部门的经济行为，却在台湾蔚为一种文化现象，且成为都市民间社会活力的资源一般，'违章'背后所折射出来的社会、文化意涵，亟待澄清。最近，有一项称作'朗读违章'的建筑艺术作品，提供了澄清的面向，也带动摸索违章文化的延伸性。'朗读违章'所表现的是都市价值的深刻反思。当它以建筑艺术的表现公开展示在台北都市的城中区时，无疑将艺术的公共性，以一种具社会反思的性质，推到人们的面前来。"

谢英俊的作品"后巷桃花源"。

钟乔在通篇文章里，继续借由谢英俊的作品，指出这样的空间中"出现了另一种摇摇晃晃的不安感。这种不安，追根究底，就是亚洲对于落后记忆的不安，也可以说，它就是存在于亚洲内部的第三世界性。"

这种"存在于亚洲内部的第三世界性"，确实就是使台湾在发展个体建筑美学时踌躇不安的原因。因为，这种"第三世界性"在面对以西方世界为首的"现代性"时，往往会惊慑于对方显现时所挟带的巨大化、高科技、单一大系统与理性秩序观，因而对自身所具有的微型、杂乱与低科技的现实，心生不安且难以正视。

日本前辈建筑师芦原义信1989年在《隐藏的秩序》一书中，对此观点提出挑战，并意图重新思考亚洲现代城市的个体价值究竟何在。他写道："在东京这种混合的现代感当中，我们可以感觉到属于日本特有的民族特质，这是一种生存竞争的能力，适应的能力，以及某种暧昧吊诡的特质，渺小与巨大的共存、隐藏与外露的共生等等，这是在西方秩序中找不到的东西。"

特别强调居住者的生存、竞争、适应、共存、共生等本能需求，并给予这些底层的现实高度评价，也点出亚洲城市"由下而上"的隐藏性内在特质，与西方大城市强调"由上而下"的外在表象是大不相同的。

芦原义信对于何谓城市的秩序提出反思，尤其对亚洲城市的自我位置，有十分有趣的观点。他说："东京给人的第一印象就是杂乱，整座城市给人的感觉是不统一，以及建筑物的不协调……建筑物表现出来的是无秩序、没有一致性和缺乏传统的外表。"

芦原义信提出了东京（也是许多亚洲都市的现况）以真实内在需求为其秩序准则，而非西方所一贯强调以视觉为准的外在秩序控制。他相信这差异乃是源自东西方文化在追求内在与外在的秩序观上，本就有其本质的差异。他认为东方的城市并非无秩序，只是并非西方外显式的都市秩序，事实上，仍有着其独特"隐藏的秩序"在内里作操控。

坚定地确立了以自身现实为基础的美学观，并表达意欲向公民美学学习的态度。这样的转变与确认，其实就是对于前述"存在于亚洲内部的第三世界性"的积极破解。

环顾现今的世界，超大城市与摩天大楼的存在，已成为"现代性"的表征，其原因除了是历史的发展宿命外，某方面也是在迎合城市间的食物链竞争的结构需求，以在这样的供需竞争中，取得进化论里"适者、强者生存"的优势。然而，大多数迅速长成的超大城市，通常非常依赖由上而下的控管单一大系统，以能在效率与成果上占先，多半缺乏内在的多元与自发的小系统；然而，具多样化小系统的都市与建筑，却较能因应突发的变化与危机，也就是说单一大系统，不仅仅让城市面目单调乏味，生活趣味相对单薄，在因应瘟疫、供需失调、污染等问题时，更不如多样小系统来得灵活有效果。

这就又回应到了"由上而下"与"由下而上"的辩证理论。王澍在 2012 年写道："在我看来，生活的尊严来自存在感的营造，这才是建筑活动的使命。我坚信，生活是不能随便简化的。我们熟知的那种饱含差异性的生活，不可能由自上而下的权力制度产生，不可能由作为其附属的专业设计制度产生，它的发生必然是自下而上的。"

王澍甚至更积极地伸张了自主违建的价值："有人认为，关注这些自下而上的差异性，在现代理性和全球化的今天，是在文化创造上软弱无力的表现，我认为恰恰相反，正是这种微妙的差异，是每一种文明最根基性的秘密。让我感到震撼的是，无论在杭州还是在台北，违章建筑常常呈现为一片连绵嘈杂的群体，但仔细看，它们并非混乱的建造，而是直观可见的清晰做法，使用手边一切可以回收使用的材料，最轻的结构，最简单的工法。比这种简单工法更重要的是，它居然可以生成一种语法结构和城市的自我生长秩序最大程度地相符，而且几乎是本能地贴近自然，呈现为一种结构性的人性。容易忽略的是，在这种看似违章的建造活动中所包含的手工匠艺，及其顺应自然的价值观和生活方式，这是亚洲建筑中最重要的原创力量。已经现代化的地区，由于已经越过了这个点，实际上是无法回头的，但亚洲还保有这个机会。作为一个专业出身的建筑师，改变不了出身，但可以采取一种自下而上的业余态度，可以采用一种更贴近建造实践的方式。"

点出亚洲城市发展的真正契机，应是落在"这种看似违章的建造活动中所包含的手工匠艺，及其顺应自然的价值观和生活方式"。整体再回顾,近 20 年的台湾建筑发展,最大的挑战可能还是回归到对于"为何做建筑?为谁做建筑?"的思考上。

尤其,在 1999 年南投"9·21"大地震与泡沫经济发生后,社会意识开始有鲜明转变,个体生命与日常生活的真实价值重新被省思。这部分的觉醒,结合了自 90 年代以降,去单一中心与多元价值公民社会意识的建立,催生建筑界的反省与回应,让台湾某些建筑师(例如谢英俊与黄声远)的作为,开始转目到现实去作对语,让逐渐成形的公民社会,成为操作建筑时的支持力道。

然而,小区与建筑的结合,固然是此刻台湾建筑的最可观处,但其后续如何发展,依旧等待各样检验与挑战,因为小区与公民建筑的形貌风华,此刻在台湾的初步成形,是历史与现实的交集结果,也必须赖后续的结构与力量作支撑,成之败之尚难定论,算是时代对台湾建筑界的呼唤与挑战。

终究于我,这个以违章建筑为本的展览,除了反映台湾公民社会逐步成形后,结合在地现实的公民美学,必将也会同步发展的事实外,其本意也是在于:伸张并勇于接受与面对都市的现实现象,并借之叩敲、思索与响应现代建筑与城市的本质问题。

因为,像违章建筑这样的都市与建筑现象,提供了一个让我们可以脱离既有"由上而下"的思维跳板,而能用另一种更贴近现实现象的公民角度,与能够尊重居住者自发本能的位置点,来回顾与省思我们已惯常(也过度单向依赖)的专业运作模式,并进而挑战专业者在介入与决定他者的生活空间时,要真正有敬意地去了解现实,同时要对使用者的在地智能与需求,有着谦逊的学习态度,让公民美学有机会真正萌芽,也让居住的正义得以在美学与生活的层次存在。

参考文献:

1 罗时玮. 扰动边界 [M]. 台中:东海大学建筑研究中心, 2006.

2 阮庆岳. 朗读违章 [M]. 台北:田园城市出版社, 2012.

3 芦原义信. 隐藏的秩序 [M]. 常钟隽, 译. 台北:田园城市出版社, 1995 .

这是由我策划，台湾实践大学的学生参与，以真实都市与社会环境为背景的工作营成果。整个计划是针对台湾都市在过往与未来、朦胧与彷徨间，意图探照的一次都市宣示，也是对建筑伦理必须与现实环境作对话的声明。

当时的计划内容如下：

时间：2005/10/7—2005/10/14

地点：高雄县凤山市兴仁里

工作营主题：城市的苏醒 / City Awakening

参与建筑师：Marco Casagrande（赫尔辛基）、George Lovett（伦敦）、3RW（挪威）、Michael Cross（伦敦）、塚本由晴（东京）、谢英俊（南投）、刘国沧（台南）、林圣峰（台北）、施工忠昊（台北）

其中思索的重点如下：

真实都市与社会环境的伦理思考

工作营场域选定为南台湾，属于热带气候的凤山市兴仁里，这是典型也平凡的一个台湾当代都市环境。因为凤山与许多台湾中小型城市一样，都正要面对与思考都市转型的问题与挑战，因而具有某种普遍的代表性。

在工作营的操作过程中，因为必须直接面对仍在正常运作中的都市现实，有两个不是平日能够准确意识得到的因素，会特别明显地浮露出来，成为所有参与者无可回避的挑战。

兴仁里有着典型城乡正在转换的性格。

第一个因素是真实的都市。当必须在有限的人力、物力与时间条件下，与一个动态的、复杂的、尺度极其巨大，同时也极其细微的都市环境作对话，而且还要对之作出唤醒的动作，因之也明白我们所面对的对象，其实是个值得尊敬的浩大新迷宫。如何解读与厘出议题所在，并思索如何构筑作品，对所有参与者，都是一次深刻的体验。

第二个因素是真实的人。过程中所有的思考与动作，都必须与真实生存于其中的人产生直接的沟通与互动。因为我们在进入这个都市的场域时，并没有获得任何官方的授权，或承诺可以拥有任何特定空间的使用权。因此，所有操作都必须通过直接与在地使用者的沟通，叙述自己作品的意义，为何要选定此空间来施作，以取得邻近直接相关所有人的同意，才可以进行后续工作。

兴仁里是一个动态、复杂、巨大也细微的都市环境。

这就直接检验了作品与用户间的依存关系，是否是真实而且合理的，同时其中挑战并触碰到真实都市的尺度及其内在的伦理关系。

小系统与大系统间的伦理辩证

这是兴仁里依旧活跃存在的西园宫，是民间信仰小系统尚存的证明。

以凤山市兴仁里作为思索的切入点，同时也是联想到 20 世纪的都市发展历程，尤其是关于大型都市与小型城市间的对比关系。工业革命后，农业社会的架构逐步瓦解，许多赖以存在的价值体系，在这过程中也同步瓦解；人类必须自越来越小的乡村，涌向越来越大的都市的现象，早已屡见不鲜，甚至已是某种现代文明的宿命。而以雄伟高楼作现代科技的图腾象征，大系统不断吞食小系统的模式，以及因之而生的价值信仰，也在这过程中被牢牢建立起来。

凤山就是一个正处在这样大、小系统转换间的城市。

人类不断离弃乡村进入都市，虽然始于工业革命后的资本、劳力新关系，但是，这同时改变了旧有农业社会，以村庄为供需自足的有机结构体系与伦理。原先一个数千人的村庄，可以承担自己大半的供需与排污问题，类似半自足的食物生态链，拥有生产、消费与分解的完整多重角色，与现代超大都市在全球化的链圈结构下，城市角色不断被单一化的现象，是完全不同的。

也就是说，现代的城市与城市间，事实上反而形成了超大的食物链关系，强势富裕（专事消费）的城市消费弱势贫穷（专事生产）的城市。《永续都市》一书举香港 1972 年 550 万人口时的例子，当时每日早上由广东输入 100 万吨水，晚上则输回 825 000 吨污水，输入新鲜食物 6 320 吨，输回去固体废弃物 2 310 吨。

这个例子说明城市间上下游的食物链关系，其实早已存在现今都市的环链结构与伦理关系中。

超大城市除了是历史的必然宿命外，某方面而言也是在迎合城市食物链的结构需求，以期在这样的供需体系中，取得类似"适者生存"的优势地位。关于这个，《永续都市》还指出，其实具有多样化小系统的都市（例如：在资源使用、运输或废弃物处理上，具备独立与多元的小系统），反而较能因应突发的变化与危机。也就是说，以单一大系统运作的都市，在竞争时虽显得有优势，但在因应瘟疫、食物供需失调、污染等突发外在问题时，远不如由多样小系统所组成的微城市群，来得灵活与有效（因后者具有自足与可半封闭的能力，并易于作内在系统的自适应）。

这样小型的半自足系统（以寻求让食物、能源、信息及废弃物等不断循环流动的半封闭体系）为出发的都市观念，有着对在地居民真实需求的关怀，让都市环境在生产、消化与分解上，能出现在地的有机循环关系，并适当地引进外来的商品与服务，以发展出符合地方的可互补性竞争产品。

这样的微型城市，其实也就是"适当城市"的意思。这是对于目前第三世界都市，都盲目想发展成超大城市的趋势中，反思城市对居住者的意涵究竟为何，以及上层都市如何得以不剥削下层弱势城市，弱势城市又如何得以摆脱食物链的下层供应者，大量开采自身自然资源宿命的可能，并寻求都市在生态环境、社会结构、伦理价值与人际关怀等面向的完整与互重。

这里，也有对于在全球化大趋势下，现代城市究竟应该何去何从的思索。因为，现代都市在不断扩大成单一大系统的过程中，究竟付出了多少生态环境的代价？多少原本文化、社会、道德、信仰等内在伦理小系统因而瓦解？以及因而换得的某些现实效率、财富与舒适度相较，于人类及地球的意义是得是失？恐怕尚待省思与论断。因为，都市与建筑究竟要多大才够大？多小不算小？多高才够高？多矮不算矮？真正的适当城市与建筑又是什么？可能正是新世纪里，人类应当要好好思考的一个问题。

这也是此次工作营所期望延伸的思考，希望能有机会经由观察与参与，深思都市在发展过程中，"由上而下"的大系统与"由下而上"的小系统间，彼此间的利弊与得失为何。

工作营的三个案例与说明

案例一：粪尿分离生态有机厕所／谢英俊

谢英俊是台湾淡江大学建筑系学士，曾经营营造厂与建筑师事务所多年，因台湾"9·21"邵族家屋重建与四川汶川羌族杨柳村自力造屋项目受到瞩目，对于弱势者的自力造屋、生态建筑等议题，有着深入落实的努力。

作为台湾建筑界人道关怀的发声者，与环境生态强力的护卫者，谢英俊几乎已成了台湾建筑界独立对抗庞大资本利益的标杆性人物。作品长期显现他对权力体制的质疑，与相信唯有以具有理想的小作为，而非与权力折衷妥协的大作为，才是可以拯救世界大环境的起步点。

在四顾茫然的凤山街头，谢英俊决定在高雄县立运动场前的大广场，与有些虚华不实的凤凌广场间，做一个在当地现实里严重不足的公共厕所。

生态有机厕所

谢英俊的厕所除了提供都市居民现实所需，还强调生态与环保的永续价值。他的厕所要求粪尿分离，以求有效且确实地再利用排泄物，并安排由环保团体与有机农场定时收取使用。

粪便不需用水冲，以响应世界缺水的将临大问题，屋顶塑料棚除了遮风挡雨外，同时可收集雨水供洗手用。

谢英俊强调维系小区内多样小系统的重要。也就是那些在工业化与都市化的过程中，不断被摧毁与消失的生产、消费与分解，这样的有机小循环系统，是他意图重新呼唤与再建立的都市伦理架构。谢英俊相信小处、单一的作为，与个体信仰的重新建立，才是我们可以仰赖的未来走向。

谢英俊在工作营结束后写的感言里，清晰地陈述出看法，也点出所谓文明的进化中，必须深切反省人与环境间的伦理关系。他这样写道：

落后、怀旧、不实用、不方便、不符流行趋势、不知所云……当看到凤山市凤凌广场车水马龙的路边搭建的半棚半寮装置时，参观的人多半会这么思考；拾级而上，站在厕所前的木平台，还有点说不出的亲切与异样。

眼前躁动的都市，即便是十一月的晚秋，汗水、灰尘、油烟，24小时不停地滚动，人们顶着南台湾的艳阳，向前猛冲，想要出手拦阻，就像螳臂挡车般不切实际……

拦阻什么？

现代文明、现代主义、启蒙运动，再到文艺复兴，再远一点到希腊文明……这些强调以人、以人的理性为核心，以此价值建构的文明，无止境地满足人的欲求，无止境地发展，那些背后的推手，如马克思、黑格尔、康德……从不曾想到当今地球资源耗竭、环境污染、物种灭绝的威胁，当面对永续（sustainable）的挑战时，过去一切一切，都必须重构；解构，只是皱皱眉头的不起眼小动作，远远不足以撼动一根毫毛，必须重新启蒙，重新面对人以外的动物、植物、水、空气、大地……

把粪尿用水冲，只是为远程输送做准备，输送管道，也就是下水道系统，必须花费天文数字的建设经费，而稀释后的屎尿处理难度暴增千万倍，再花天文数字的经费做处理，最后排入江河大海，还是污染环境。

　　灵智文明的人类，竟然做如此的蠢事，只是为了指头按按马桶钮听听冲水声的愉悦。

案例二：都市客厅／刘国沧

　　刘国沧是"打开联合工作室"主持人，主要作品有"安平树屋"与"蓝晒图"。刘国沧的作品风格，对于家、记忆与时空场域，有着一贯温切的人文关怀，与落实、不虚无的善意切入。

　　在这次的工作营，刘国沧选择了一个小巷里的弄子。这样的巷弄曾经是台湾小区的主要活动发生地，房屋与巷道间自由穿流无疆无界，老人小孩妇人壮汉共生也共息。刘国沧对于现在都市的公共空间与私人空间的壁垒分明、人际交往的淡漠无感，提出他的惋惜与批判。

171

　　他与在小弄里开了间家庙的老婆婆，电玩店老板，以及冰店的年轻主人讨论，为他们在弄子里做一个大家可以共享的都市客厅。借由这样的空间邀请，也试图让周围的居民，打开逐渐被围塑起来的人际樊篱，而愿意一起进入一个共属的新空间，不再壁垒分明、划地自限，再建都市人际与空间关系的新伦理。

刘国沧对都市公共与私人空间的壁垒分明，提出了惋惜与批判。

　　刘国沧以小巷弄里的真实对象、手工绘制的假透视物，与移入装置的回收设施物，谱出在真实与虚幻间缥缈不定的巷弄客厅，单一的黄色涂漆强化了视觉的超现实感，并突显隐藏其后的质询与叩问意图。

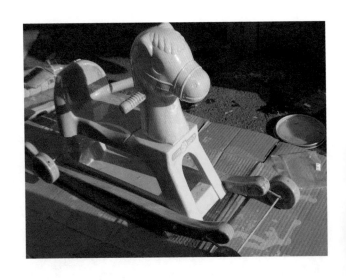

刘国沧让作品自在地游走于现实与梦境、理性与诗意，以及真实与虚构间的模糊边缘，挑战我们已经被驯化的感知与意识边缘，也显露对纯然理性价值主导世界中人际伦理关系涣散的强力批判。

刘国沧也写下了他的后记：

不多不少，正如其他台湾的小城市一样，凤山也是一个令人兴奋，但又马上转为失望的环境。我们着迷于如此幻妙的处境：公共建筑与违章共处，都市空间与私人领域交错，时间快速流转却又缓慢细致，人们既是慷慨大方却又天真自私。看似有好多美妙难得的经验正要发生，但是，却又不知从何开始？

我们是不是正在错失它？该怎么办？

就像"催眠"一样迷人，"转醒中"的时刻往往能让我们窥见一些事物的奥秘。这次的工作营，我与学生们就是在这个处境中希望让梦境成真：一种真实与想象并置、私心与公益共融的场所。我们为了帮你在苏醒后能记得些什么，于是与居民一同创造了"都市客厅"。

"苏醒"并不代表我们需要更多的城市建设或者自以为是的专家。如同我们的"都市客厅"并无需添购任何新的家具一样，我们只要拾荒与修理，就能富足。我们需要的只是更多轻微的专业作为，而不是夸大声势的专业委托。我们可以协助大家一起完成它，而不是苦候或是自命专家。

城市就是我们心灵的集合，面对一个往往不自觉地变得狭隘的顽固的自私的心思，其中之一如你我，在苏醒之后，能记得那个巨大的自由的分享的梦境吗？我一定要记得，记得那个短暂的片刻里邻居好奇的大眼睛与亲切的关心，小孩子七嘴八舌兴奋的动手，阿嬷宽爱的叮咛，学生忘我的全力投入以及你看到我们时狐疑又惊讶的表情。

在这次工作营结束之后，我还安排谢英俊、刘国沧与我以对谈的方式，来回顾这次的工作营，并由吴介祯做记录。我摘取其中一些段落，作为三人对这次合作的省思与展现：

"'这样的沟通过程，提醒我们建筑师常有的盲点，就是主客体间的关系。'谢英俊说。他引用哈贝马斯在《沟通行动理论》中所提出的，理想的言辞情境基植于双方针对沟通行动背后的语言结构，并在理性讨论中互相假定，且互为主体。沿用黑格尔'认知主体绝对化'的论点，哈贝马斯认为由于这种绝对化，造成主体与客体、人与自然、自我与他者的对立与异化，而解决之道唯有恢复主体的反省性，意识到自我绝对化所可能造成的扭曲，避免将沟通的对方贬抑为客体。通过主体的自我反省，解除工具理性与权威宰制的魔咒。

理性主义兴起后的四百余年来，以人为中心、宇宙为次的思维，早已弥漫入建筑主流的价值系统，然而随着对自然环境的耗竭与无情戕害，同时也使得人类自身疲态与窘境尽露。

这样以人为单一中心的价值体系，不但导引了人类／个体价值的极度膨胀，也诱发了以满足个人欲望为终极目标的价值观，间接鼓励人类对自然宇宙大行剥削与掠夺之能事。谢英俊相信唯有谨守生态永续观，才是挑战此刻文明窒息式发展的契机，刘国沧则认为由人类所言说出来的永续，都将不会是真正的永续：'只要人类还是把自己放在最高位，就不可能谈永续。'"

案例三：汽车即花园／3RW

来自挪威的3RW是个年轻的小型建筑团体，他们观察建筑的角度，并不以美学与流行为宗旨，反而会细腻地从社会学、人类学，以及个体记忆和日常生活等细微处着手，且相信每个人的生命，才是建筑必须关照的所在。

3RW观察到台湾的都市巷弄空间里，由于缺乏家户的停车空间，许多人会用花盆占领路边空间作为车位，这种与公领域争夺私领域，却似乎两败俱伤的行为，引发他们的好奇与思索。他们就先剪裁许多大约如停车位大小的花布，试探性地在道路地面上铺放，借以占领许多不同的都市空间，并以影像记录民众对铺在不同地点的花布的反应，然后再询问若可以真正拥有这个花布空间，民众会希望拿来做什么，最后将整个访谈与实验过程，以海报张贴在都市空间现场，反映他们的空间占领行动，及居民对公共空间的需求与想象。

在空间占领实验过的许多不同场域里，最后选定了两个地点，来作为此次工作营的展现成果。在第一个空间点，依从居民所诉说的愿望，将废车场里取来的报废旧汽车，改装成住民希望的儿童游戏场，与可在夜间照亮暗巷的发光装置物；第二个作品也是在巷里的空间，将另一辆废汽车改成居民所期盼的绿色花园，与可坐可躺的都市家具。

3RW 表达了专业作为"由下而上"关照住居者的需求，也呈现对环境生态的关怀。

3RW 的作品，除了表达了建筑师的专业作为，可以"由下而上"地去关照真正住居者的需求外，也呈现他们一贯对环境生态的关怀，将当代不断制造与抛弃的大量工业废弃物，重新再利用成为都市里的新家具。

3RW 对作品的想法与策略，说明如下：

有人跟我们说高雄地区有一项减少交通量的策略，就是"消灭"停车场，让开车的人日子难过。我们的作品与这项政策有关，就是突显这个都市的问题，并以创新手法来处理其街道景观的能力。

我们想知道，车位虽是私人财产，但是否可呈现公共使用的特质。在这样的思考下，车位应该不再是某一个邻居的财产，而应该成为一个邻里空间。

创作过程有八位学生参与，并同时进行两种策略：

1.先发展出一种可以揭露当地居民对周遭环境期望、挫败与梦想的工具。

180
社会
的
建筑

2. 利用改装废弃的旧车子，将这些梦想转化成新颖的、混血式的计划。

这两个创作的策略，是要通过车子与车位的尺度，找出个人对街道的想象，以及多元共享的可能性。我们希望能利用当地居民的创造力和务实处事的方法，来做这样的空间探讨。

3RW在短短的一周内，能迅速掌握他们对台湾都市的观察，并积极地响应一件扎实、有力道，也轻盈美丽的作品，其中不仅触及工业废弃物的必须再利用思索，也同时探讨了小区居民 / 公共领域 / 空间自主权间的诸多议题，是相当丰富也深具启发性的作品。

亚洲都市的伦理思考

参与了这次工作营的塚本由晴，提到大约20年前他由法国返回东京时，曾发出这样矛盾犹豫的问话，他说比诸巴黎："东京究竟是怎样的一个城市呢？竟能允许这样许多不可思议的建筑物出现。我们已经有着和欧洲人一样的科技水平了，为何竟不能产生出和他们完全相同的城市来呢？"

塚本由晴诧异着组成东京的大多数建筑（不是那些美术馆、企业总部、商业中心、市政府大楼，而是真实存在、占九成的一般平凡建筑），竟然都长出几乎是"无耻"的样貌。他对着这样完全"不巴黎"、因而也似乎"不现代"的东京，有着不知如何是好的无力感。

然而，意识到自己的城市终将无法如巴黎的塚本由晴，也因此不得不开始真实面对自己的城市。"东京的建筑究竟是什么呢？"他先是问着自己，之后则与两个伙伴花几年功夫，一起游走、记录东京的大街小巷，探讨为何当科技已经不是问题，东京的建筑为何还是"不如"巴黎的建筑呢？在他日后依此所出版的书籍《东京制造》中，塚本提出以"混血建筑"为思考点的观察心得。

塚本说东京的现代建筑是混血的建筑。这是一种使用性上的混血（例如楼上补习班楼下面摊，隔壁则是高级公寓），而非西方以使用分区为原则的严明分离控管；是一种构筑上的混血（例如钢筋混凝土的主构造上，可以添加钢骨或木构的临时附属建筑），不坚持构造方式在外型上的统一；再来，就是美学上的混血（精英与民众美学、个人实用美学、西方古典与现代、东方的传统与民间语汇都可以同炉并冶），并没有统一的外在美学作规范。

东亚城市的建筑，大半也具有一样强烈的混血个性（这种混血常是不自觉与非自愿的，尤其伴随着政治、经济或文化的被殖民而更加交混，因为并无绝对的一元价值观作掌控），使用上是以便利为据的纷杂任意，构筑上也因现实需求而极度自由（如屋顶违建、阳台铁窗的加建），美学上是真正无政府的百花齐放。

有趣的是，塚本最后却完全地接受这样的建筑与城市，对他而言，这才真实地反映出东京此刻的混血面貌。也就因为现实、生存的性格，日新月异地不断作挑战，使得建筑与城市必须借由个体与异体价值的混血新生，来响应这样持续改变的需求与价值，像为了生存、必须持续变化自己形貌的巨大变形虫。

现代都市的文明与面貌，不仅多元而且朝夕变易，西方现代城市惯常仰赖"由上而下"的都市计划理念，已经无力应对这样的多元现象。外在、规条化、固定与统一的都市与建筑规范，反而成了都市生存与适应时的紧箍咒，让许多都市在面对真实情境时，显得绊手绊脚甚至动弹不得。

近年来，西方建筑师也不再以落后/不文明的观点，来看待新兴的亚洲城市，反而会以新的目光来观察亚洲的现代都市，如何在发展的过程中，显现类同混血与变形虫等的生存特质，借以思考并反省西方城市在工业革命后，长久以来逐渐僵化的问题（例如使用分区不人性，都市核心因无机而衰亡，都市内在运作体系过度僵硬，无法因应都市的快速变化等）。也就是说，许多在台湾（与亚洲都市）被嗤之以鼻的都市现象，譬如多元、杂乱、自发生长、无固定秩序等，都被引来作都市伦理的省思议题。

因此，想加入世界行列的亚洲城市，恐怕必须理解到，没有先对自身的价值与伦理究竟何在，作出思考与了解，只想直接对他者的外在秩序作模仿，是很难从中建立自身的真正位置的。反而，许多亚洲城市犹有的建筑内在伦理特性，譬如建筑混血性格与都市变形虫的有机特质，可能才是己身的力量所在，也是出发面对世界时，真正可以作为凭借的特质。

参考文献：

1 莱特曼 J. 永续建筑——都市设计之环境管理 [M]. 吴纲立，李丽雪，译. 台北：六合出版社，2002.

2 阮庆岳，编著. 城市的苏醒 [M]. 台北：麦浩斯出版社，2006.

3 塚本由晴，等. 东京制造 [M]. 台北：田园城市出版社，2001.

183

7-Eleven 城市

托马斯·莫尔在 1516 年出版了《乌托邦》一书,影响至今不散。这本书代表了欧洲由文艺复兴后期,正要迈入理性与人本为主轴的启蒙运动时代环境里,作为一个个体的知识分子,对人类社会环境远景的想象与投射。在当时君权,神权与民权交织难分的时代里,这是极为大胆也重要的一步,见证了个体知识分子能够参与发言的层次,已然与国君或教主们几乎无异,可以直论人民生活的远景蓝图,丝毫不显退却与羞涩。

莫尔所设想的完美乐土,是一个与外面世界全然断离的孤岛。这岛屿以理性秩序、有效集体管理、共有共享,以及自给自足为运作原则,但在这架构背后,其实透露着莫尔某种对人类能"安贫守贞"观念的期盼,与对人性至终是否得以自主自由的隐约怀疑。

在全球化系统正畅行无阻的此刻,再回首这本经典书籍,其实是有些吊诡与戏谑的。我在想着,若莫尔生于此地此刻,他会如何看待与他的孤岛思考几乎反道而驰的全球化现象,他若此时仍然要写一本《乌托邦》,会怎样去架构他的理想世界呢?在自我建构的单一完美世界,与善于纳入全球链接系统间,他的拿捏点会是什么呢?

我从这个假设的位置点出发，以台北为观察对象，拣选全球化重大现象中的通路系统作测试点，并以在东亚地区极为发达与具有现实成效的 7-Eleven 连锁便利店为例，用一周的工作营 (2007 年 9 月 21—28 日)，邀请八位建筑师：连浩延 (台北)、刘国沧 (台南)、王昀 (北京)、藤本壮介 (东京)、朴胤镇 (首尔)、曾玮 (台中)、马可·卡萨格兰 (赫尔辛基)、林龙如＋熊宜一 (台北)，与约 80 位台湾实践大学同学，在台北捷运淡水线的明德站与台大公馆站附近，选出八间 7-Eleven 店铺，作为工作营操作的基地。

考虑台湾都市所具有的典型特质：杂乱、热闹、多元混合等，通过构筑实作表达 7-Eleven 与附近小区都市环境的互动，并借此提出 7-Eleven 所具有的通路系统，能够深入小区底层等特质，以及思考对东亚城市未来发展的可能影响。

全年无休的 7-Eleven，是近 30 年迅速在台湾发展的民间实体通路，其源处自然是更早发展的日本便利商店模式，但也因应台湾的在地特质作出改变。类同与差异处各有许多，但整体看其角色扮演从单纯的零售通路逐渐多样化，例如单店供货的通路来源，已发展成细致的四大物流供应系统：文化出版品类、鲜食类、低温类、常温类，服务范围也涵盖金融、信息、娱乐等，与都市里民众的真实生活，及各样供需上的融合度越来越密切，甚至能以小区服务中心的身份自居，并逐渐取代许多政府等上层通路系统的位置功能 (可以交税、付学费、办理驾照等)，扮演着日益深入生活核心的位置。

7-Eleven 是台湾四大连锁便利商店之一，但其总数量就占全台湾便利商店总店数的一半。首批 (27 家) 开设于 1980 年，到 2010 年底达到了 4 790 家 (100 家 /1986 年；1 000 家 /1995 年；2 000 家 /1999 年；3 000 家 /2002 年；4 000 家 /2005 年)。这些数据说明便利商店在台湾发展的迅速，也使台湾正式超越日本，成为世界上便利商店密集度最高的地区。

至于为何便利商店的发展在东亚特别兴盛，并明显超越其他地区的发展，我以为这与惯于以小尺度街道为生活圈的东亚文化习性，以及传统上相对紧密的人际关系应有必然关联。另外，则是当代东亚的都会生活，在寻求便捷与效率上，有着极为鲜明的企图，尤其崇尚速度与时间转换的经济价值，这可从手机、机车、网络等对象的高度运用上见出来，便利商店的兴起，也可以视作这类同质需求的一环。

若放回全球尺度来看，便利商店的兴起真切地反映了现代社会里，必须面对不断流动、多元选择与价值的特质，过往集中、单一与永恒的价值逐步瓦解，个别、片段、临时与机动性，越来越符合现实的需求。同时，一如戴维·哈维（David Harvey）在《后现代性状况》（*The Condition of Post Modernity*）一书中所说，现代人都必须面对时空双重急速压缩的状态 (Time-Space Compression)，我们不觉地自原本的时空疆界脱离，逐步跨越自身所处的地理与时间位置，而与其他时空里不可知的他者作联结。

因此，在脱离与流动的双重进行中，一种快速也遥远的群体同构型，同时也必然会出现；这样对于既同步又多元的双重要求，个体独自与群体流动的共存，以及极度依赖必须精准捕捉当下需求，并能预告未来现实究竟为何的服务机制，就铺设了便利商店出现的因由，也反映了当下社会的真实状态。

或者，7-Eleven 在东亚城市发展的现象，就可作为检验这些论点的测试处。这也是在 21 世纪起始时，观察东亚城市时不可不注意的重要现象，因为能够这样深入大小社区、全年无休的通路系统，可能正在改变东亚城市的面貌。

从另一个角度来看，我们也可将 7-Eleven 的通路系统，视为都市完整身躯的经脉系统，每间 7-Eleven 都是一个穴道，参与工作营的建筑师，以针灸般的治疗，在末端与尾梢处，对整个小区及都市作出诊断，尝试来改变与调整都市的全面体质。

参与的建筑师在活动期间，与搭配的 7-Eleven 分店店长讨论，就该店服务的小区范围，从都市与小区的角度，提出如何操作与展示的执行构想，并与邀请的一位社会学家曾嬿芬及八位诗人（刘克襄、钟乔、曾淑美、阿芒、小耿、夏夏、杨小滨、鸿鸿），全程互动进行同步创作，并一起作成果发表。

社会学家与诗人的参与，是这次工作营的新尝试。现代建筑在发展的过程，不断与社会学遭逢，不管是对资本结构、社会阶级、权力关系、全球与在地等上层议题的思考，或是社群结构、存在与归属感、行为与场域等现实状况的探索，几乎都无法不相关联。然而因为现代建筑的自身属性关系，这样的对话性也一直分分合合，当在以建筑风格、形式为尚的时代氛围里，双方交语的距离自然会被拉远。

社会学家曾嬿芬认为从零售商店可见小区的生机："将零售空间放在都市发展与生活的脉络中来分析，有助于我们理解台湾到处可见的便利商店这种零售空间。一方面，便利商店的尺度与密度，必须放在城市形态的消费空间这个面向来讨论，为什么不同地方的人在尺度大小不同的零售空间购物？便利商店、超级市场、大卖场对于住在不同形态城市中的人们，满足日常生活中的哪些需求？另一方面，24 小时不打烊的便利商店体现不同时间区块中人们的生活，24 小时中便利商店内敲着哪些时间的节奏？"

"首先，便利商店应被放在零售空间与都市发展的脉络之下来理解。以美国的都市发展而言，二战后人口外移、市中心空洞化，晚上下班后更成为黑暗之城。郊区无限往外扩张，生活与工作几乎都已经移往到郊区，人靠着车子水平移动穿梭在高速公路。郊区的消费地点以大型卖场、购物中心、超级市场为主，使得美国人多以一次大量采购的形态进行消费，购物成为一种需要另外找出时间来进行的事情。为了对抗郊区化带来的疏离，美国出现了以简·雅各布斯（Jane Jacobs）、凯文·林奇（Kevin Lynch）、威廉·怀特（William Whyte）这些代表着新都市主义（new urbanism）的都市规划倡导者，不断提出改造市中心空间的构想与方案，希望美国人失去的徒步乐趣、小街廓、住商混和、公共空间的社交性，能够得到复苏的机会。"

诗人参与设计团体与运动，在现代设计的发展过程中屡见不鲜。早自 19 世纪中期的工艺美术运动，其中的大将威廉·莫里斯（William Morris）自身就是诗人，之后的包豪斯、达达主义与未来主义等团体，都见得到诗人身影闪现，甚至到了 60 年代伦敦的建筑电讯派（Archigram），诗人戴维·格林（David Greene）依旧扮演着活跃的角色。这样良好的传统，到了近代也有些散失，我觉得这是令人遗憾的，因为没有诗来作编织的城市，与没有诗人来作想象的空间，无论如何也不会真正迷人吧！

与建筑师连浩延合作的诗人杨小滨写了《与冰块如是说》，作为这样尝试的例子：

让我慢慢醒来 / 让我心肠软 / 让我哭 / 让我眼波荡漾
让我凉了半截的剔透也咽下糖果的甜 / 让我用水晶馒头填饱中秋月 / 让我在一瓶顶峰乌龙茶里爽到死
让我在蔓越梅的味道里升腾 / 让我披挂榕树扬起的发梢
让我听飞驰而过的旅人们絮语 / 让我铺成露水夫妻的婚床 /
让我的体液渗出地上的每个毛孔
让我在五味的香火里进入极乐
让我在一碗鱼煨里炼就冰火九重天 / 让我挣脱台北的画框 /
让我随车水马龙奔驰而去 / 让我一醉方休 / 让我吐出完美吐出无聊
让我的灵化成你的肉 / 让我湿透

7-Eleven 作为现代城市的一种代表性现象，大概毋庸置疑，但能否作为一个城市的乌托邦想象，可能就要争论不休了。并且，应该此刻无人会相信 7-Eleven 就是我们期待的乌托邦吧！然而，从我的角度看，一切眼前关键的现实与现象，都可能是开启乌托邦入口的那把钥匙，因为乌托邦必然始自于现实，而 7-Eleven 就是允诺这种可能性的当代现象。

莫尔在他的书末，抱怨他人不愿相信他的乌托邦叙述，并挑剔其中的不合理："……我要说，他不必如此自以为独具慧眼，只因为察觉一些乌托邦体制中看似荒唐的地方，或是逮到我对理想社会的建言中，某些不甚有用的议论。他难道不知，乌托邦之外的世界有更多荒唐事！"

的确，现实世界中的荒唐事情述说不尽，对理想的投射却极其罕见。也请用这个角度视看这个工作营成果，这或就是一只意图投向无际蓝天的标枪，期待自己终能到抵一个根植于现实里的美好乐土。

工作营的三个案例与说明

案例一：城市与家的辩证／藤本壮介

藤本壮介的建筑作品，基本上不断挑战建筑与空间的本质性，对我们已经熟悉的观念与习性，不断提出他有趣的质疑与再定义。

譬如对最简单的家，从功能性到空间划分，他都有着令人出乎意外的思考与答案，完全不作因袭沿用。而对于单体建筑与都市的关系，他也有着独特的观点，譬如他意图让单体建筑的内部能显现出都市空间的群性关系，借此丰富单体建筑的内在性，也强化其与都市间的对话关系，同时将都市空间私己化处理，让显得冰冷无趣的都市空间，能有着单体建筑内的细致与温暖。

在此次的作品里，他延续着同样思维的操作。首先他将显得匆忙无趣的 7-Eleven 门市内部作改造，置入仿若在公园里才可见到的悠闲花台与树木，将都市里公共空间的经验移植进入单体的门市店里。进来的顾客，无不被这突然的景象惊吓到，但也多半会表达出欣喜的响应态度。

但是，藤本壮介的意图并非取悦这些顾客，而更在于挑战他们习以为常、对空间的界定与期待。

他同时在门市店斜对面的公园里，张贴起象征 7-Eleven 的绿橘二色标志带，将公园绕缠起来，仿佛这个公园已经成了另一家 7-Eleven 的门市店了，在公园出入口处，也暗藏一个在人出入时会发出同样"叮咚"声响的装置，让你刹那间会以为自己正进入某家 7-Eleven 呢！

藤本壮介不相信此刻的城市与建筑模样，就是最终当有的答案。他以积极而幽默的态度，不断碰触这已显僵化的建筑现象与事实，并勾触起城市与家之间，向来少被质疑的彼此辩证性。

案例二：拼贴与荒谬的都市游击队／曾玮

曾玮与他的团队处身在最拥挤、拼贴、虚假也真实的汀州街，仿佛夹身亟待被破解的当代亚洲都市现象核心里面。在此处价值观错综复杂，是非爱恨难明，既容光骄傲又令人羞愧不已。

曾玮沿用他擅长也喜爱的机械装置，强力而主动地介入现实，以机械及人体的行动举止，直接提出他对这荒谬都市剧场的观察与批判。虚假的现实是他主要的攻击处，这包括整个不断被形塑与纵容的中产阶级价值系统，譬如不断将人符码化的名牌仿冒品，将身体美学单一标准化的健身房，以及罔视行人才是街道真实使用者的都市现象。

攻击点准确，目标也多元。

他的都市游击队是一组拼装脚踏车改成的路边健身器具，几个学生悠悠然，在路边就大方地开始健身起来，荒谬也刺目。这几个模样奇怪的健身器具，大喇喇地占据了路边的停车位，并公然邀请大众免费来使用，除了批判现实外，直接挑战了公权力与积习成俗的大众意识，自然立刻惹来许多公私者的挑衅麻烦，甚至使得这几个装置必须提前撤离现场。

作品到底展示多久，完全无关紧要，意识与观念的清晰提出，才是决胜点。曾玮以都市游击队的行径，成功地在几乎不容喘息的都市空间里，展现了优美、幽默、真实也具批判力道的作品。

案例三：幸福有如桃花源／刘国沧

便利等同幸福吗？

刘国沧质疑在全球化巨大系统下，此刻的生活显得廉价无知的浅短幸福。他想凌厉透视时光与记忆的痕迹，呈献给我们的却是梦境般的现实场景。

MOTOROLA
NOKIA
原廠配件
Sony Ericsson
SAMSUNG DIGITall
everyone's invited.
SAMSUNG Anycall
SAMSUNG Anycall
Sony Ericsson
Nokia N95
只有一樣 但不只一樣
NOKIA
諾基亞
MOTOROLA
K2K-553

这作品延续他"蓝晒图"以降的系列,以单一颜色(例如"蓝晒图"的蓝色、"都市客厅"的黄色等)作为现实与虚幻的区划点。此次白色是主调,被时光与人们遗忘的都市空间以及家具,依旧是他召唤逝去桃花源的咒语与经文。

逝去的桃花源,似乎就是刘国沧的幸福所在。

甚于以往的单一空间场景,刘国沧这次以连续性的都市空间,作为呈现作品的场域。他沿着线性都市空间的转换(大马路的斑马道、曲折小巷、阶梯、桥、绿荫公园),不断置入因被漆成白色,而显得超现实的各种从小区捡拾来的对象,例如旧家具、气球、黑白条形码,引导人们走向暗示着幸福的某个终点——桃花源。

刘国沧的作品,一贯对现实有着隐隐的批判,然而手法则游移在近乎醉人也迷离的超现实梦境状态里,让人无法不觉得心痛。这抑或就是他觉得此刻现实的真实位置,一点点失望、一点点难堪,然而我们依旧必须期待梦境般地,微笑以对。

并反复说着:谢谢光临!

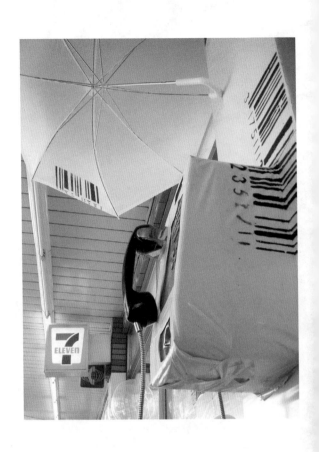

图书在版编目（CIP）数据

建筑退化论：哲学·文学·社会 / 阮庆岳著 . -- 上海：
同济大学出版社，2014.10
（当代建筑思想评论 / 金秋野主编）
ISBN 978-7-5608-5382-6

Ⅰ.①建… Ⅱ.①阮… Ⅲ.①建筑学－研究 Ⅳ.
① TU-0

中国版本图书馆 CIP 数据核字 (2013) 第 293038 号

建筑退化论：哲学·文学·社会
阮庆岳 著

出品人： 支文军
策 划： 秦蕾 / 群岛工作室
责任编辑： 秦蕾 孟旭彦
特约编辑： 杨碧琼
责任校对： 徐春莲
装帧设计： typo_d
版 次： 2014 年 10 月第 1 版
印 次： 2014 年 10 月第 1 次印刷
印 刷： 上海中华商务联合印刷有限公司
开 本： 889mm × 1194mm 1/32
印 张： 6.75
字 数： 181 000
ISBN： 978-7-5608-5382-6
定 价： 69.00 元
出版发行： 同济大学出版社
地 址： 上海市杨浦区四平路 1239 号
邮政编码： 200092
网 址： http://www.tongjipress.com.cn
经 销：全国各地新华书店

光明城

CITÉ LUCE

"光明城"是同济大学出版社城市、建筑、设计专业出版品牌，由群岛工作室负责策划及出版，以更新的出版理念、更敏锐的视角、更积极的态度，回应今天中国城市、建筑与设计领域的问题。